Quanten Übergang

oder

positive Mutation der Menschheit

Inhaltsübersicht

Quarten Übergang oder positive Mutation der Menschheit

Vorwort

Wir leben in einer erstaunlichen Zeit! Sie haben wahrscheinlich schon vom Quantenübergang und dem sich verändernden Zustand unseres Planeten gehört.

Dieses Buch ist eine Übersicht der Artikel von Valentina Mironova, einer renommierten russischen Wissenschaftlerin, Akademikerin, Biochemikerin und Biophysikerin, die 20 Jahren im Weltraumforschungszentrum auf dem Gebiet der „geschlossenen Entdeckung" gearbeitet hat.

In ihren Artikeln beschreibt Valentina Mironova in einfacher und leicht verständlicher Sprache, was jetzt in der Welt und im menschlichen Körper geschieht und was als nächstes mit uns geschehen wird. Welche grundlegenden Veränderungen in der Materie die Wissenschaftler in den letzten Jahren entdeckt haben. Wie sich die menschliche Biochemie verändert. All dies ist wahrhaftig Gottes Weg, die Menschheit auf eine neue Evolutionslinie zu bringen, wobei die physischen Körper der Menschen erhalten bleiben! Was im Jahr 2022 geschah und was die Weltgemeinschaft erwarten kann.

Vieles von dem, was Sie erfahren werden, wird eine echte Entdeckung für Sie sein. Es handelt sich um bewiesene grundlegende wissenschaftliche Fakten, über die im Fernsehen und in der Presse nicht gesprochen wird.

Es gibt eine uralte Prophezeiung, dass die Menschen mit ihren physischen Körpern in eine neue Welt mit hohen Schwingungen der Liebe und Freude übergehen werden. Verändert ja, aber - physisch! Es ist an der Zeit, dass die planetarische Menschheit genau diese Veränderungen auf der tiefsten, grundlegenden Ebene durchmacht.

Die Menschen wachen aus ihrem aufgezwungenen Denken auf, beginnen, ihre Realität bewusst zu erschaffen - mit ihren Gedanken und Gefühlen, lernen zu unterscheiden und nach ihrem Herzen zu wählen, das sich zu diesem Zeitpunkt ebenfalls öffnet. Und die neue Biochemie des Körpers beginnt, Licht zu erzeugen.

Was früher als Okkultismus oder Esoterik bezeichnet wurde, ist heute Quantenphysik. Nur konnte man früher nicht „Quantenphysik" sagen. Es gab keine solche Worte. Und jetzt ist die Tiefe, die im alten Okkultismus liegt, und das, was von der Wissenschaft entdeckt wird, ein und dasselbe. Die Rätsel fügen sich eins zu eins zusammen. Es geschehen wahre Göttliche Wunder.

Dieser neue Mechanismus wird von den Wissenschaftlern als der Beginn der natürlichen globalen Heilung, der Wiederherstellung der Göttlichen Kraft und der Rückkehr zu einem langen, aktiven, gesunden und kreativen Leben bezeichnet. Das ist es, was jetzt auf der Erde geschieht.

Und an einer Sache können Sie nicht mehr zweifeln - die alte Welt ... nein, sie ist nicht dem Untergang geweiht ... die alte Welt existiert einfach nicht mehr!

Einleitung

Die Wahrheit wird uns von einer einzigen Quelle übermittelt, die der höchsten Ebene angehört. Aber auf die Erde in der dritten Dimension projiziert, wird es verzerrt, da die Materie der Dimensionen, durch die es geht, dichter wird. Auf der Erde gibt es ein weises Sprichwort: „Man kann nicht über sich hinauswachsen". Im esoterischen Kontext bedeutet das, dass ein Medium kann sich nicht mit einer Ebene der feinstofflichen Welt verbinden, die die Schwingungsebene seines Bewusstseins übersteigt.

Warum lenke ich die Aufmerksamkeit der geistig erwachten Menschen auf die Frage des Verständnisses und der richtigen Anwendung des Kriteriums der Wahrheit? Denn gerade jetzt findet die Hauptkonfrontation zwischen Gut und Böse im Energie-Informationsraum statt.

„In dieser Zeit wird die Menschheit unter dem Einfluss der kosmischen Strömungen all das offenbaren, was in ihrem Inneren verborgen war, und die Persönlichkeit jedes Einzelnen wird zum Vorschein kommen. Deshalb wird die Erde zu einer Arena des Chaos werden" (Universelle Verfassung, Kap. 32). Dies ist die Art von Chaos, in der wir heute leben und in der es selbst für Lehrer des Lichts schwierig ist, wahres Wissen zu erkennen.

Am 27. Dezember 2004 brach eine Spannungsplatte unter dem Boden des Indischen Ozeans. Die Achse der Erdrotation verschob sich. Dem großen Sumatra-Erdbeben ging keine Bewegung der Tiefenmaterie voraus. Der Schlag war von oben nach unten gerichtet. Es dauerte mehr als 20 Minuten, bis die seismischen Wellen, die ihren Ursprung in der Nähe von Sumatra hatten, die Apennin-

Halbinsel erreichten, aber der Beginn der Schwerkraftschwankungen wurde bereits in den ersten Minuten nach dem Ereignis festgestellt - das ist der räumliche Charakter der Auswirkungen auf die Erdkruste.

Eine neue geodynamische Epoche wurde eingeleitet. Die kumulierte Energie der Erdbeben vom 26. Dezember 2004 bis zum 31. Dezember 2017 überstieg die 3000-jährige seismische Energie. Die Erde war von einer maximalen Strahlungsmenge umhüllt. Nicht nur die Erdachse hat sich verschoben und die Platten sind zerbrochen, sondern auch die alten Energiegrundlagen in unserem Körper haben sich verändert. Der Sonnenwind blies den „Staub" weg, und der Körper war in der Lage, die neuen Energien wahrzunehmen und eine andere Physiologie entsprechend der neuen Zeit zu schaffen. Ein neuer Ethnos war geboren.

Bis 2013 bewegte sich das Sonnensystem auf ein schwarzes Loch zu. Seit Januar 2013 gibt es das „Loch" nicht mehr. Wir haben diese kosmische Tür durchschritten. Es wurde eine neue „Tür" entdeckt, durch die wir in 26.000 Jahren eintreten werden. Was ist passiert? Im Jahr 2010 berechneten Wissenschaftler, dass sich das Sonnensystem in eine Region mit sehr hoher Energie bewegt. Und jetzt sind wir hier, eine Bestätigung für den Quantenübergang des Planeten und des Kosmos.

Nach einer großartigen Passage durch ein schwarzes Loch im Zentrum der Milchstraße befinden wir uns in einem neuen Raum. Das schwarze Loch war nur eine Tür. Vor dem Quantenübergang lebten wir in einer flachen Welt mit drei Dimensionen, und alle wissenschaftlichen Erkenntnisse folgten den Gesetzen dieser Welt. Jetzt sind wir HIER, wo sich neue Realitäten stabilisieren und eröffnen.

Berichte aus dem Jenseits

Wenn ihr dieses Buch liest, seid ihr wahrscheinlich erleuchtete Mensch. Menschen und wisst, dass es neben der physischen Ebene auch die feinstoffliche Ebene gibt und dass die feinstoffliche Ebene sehr bunt und multidimensional ist.

Es gibt eine Gruppe von Spezialisten aus vielen Ecken des Universums, die auf galaktischer Ebene arbeiten. Sie haben vielleicht schon von der Galaktischen Föderation gehört und dass die Erde 1987 als Mitglied aufgenommen wurde. Unser Planet hat sich dagegen gewehrt, sich zu entkörperlichen. Diese Entscheidung wurde von allen Bewohnern des Planeten auf der feinstofflichen Ebene getroffen. Und jetzt arbeitet diese Gruppe, und die Essenz ihrer Arbeit ist die Errichtung eines neuen planetarischen Gitters des vereinten kollektiven Bewusstseins.

Praktische Ergebnisse für den dichten materiellen Plan gibt es seit Anfang Juli 2021. Ab Anfang August 2021 funktioniert dies also bereits auf der physischen Ebene. Und das sind nicht nur abstrakte Worte, sondern ganz konkrete Fakten. Das alte Netz bestand aus starren, wabenförmigen Sechsecken. Dies war ein starres Gestell. Die alten Verbindungen, die mit dem alten Netz kurzgeschlossen waren, sind nun (Stand 27.08.21) vollständig ausgebrannt und neue Verbindungen wurden anstelle der alten installiert.

Quarten Übergang oder positive Mutation der Menschheit

Das ist das Muster des neuen Gitters des vereinten Bewusstseins. Drunvalo Melchizedek beschreibt es in seinem Buch „Das Geheimnis der Blume des Lebens". Der Unterschied zwischen dem alten und dem neuen Gitter liegt in der Mitte des sechseckigen Rahmens. Im alten Netz war dieses Zentrum ausgeschaltet, im neuen Netz ist es aktiviert. Dieses Zentrum steht für die Verbindung des Menschen mit seinem höheren Selbst.

Damit dieses neue Gitternetz funktioniert - ähnlich wie eine neue elektrische Verkabelung -, müssen unsere physischen Körper in der Lage sein, die neuen Energien aufzunehmen.

Ab etwa 1950 des letzten Jahrhunderts und der Jahrtausendwende begann sich die Physiologie, insbesondere die Biochemie, zu verändern. Zunächst wurde die Knoten-DNA entdeckt, und es wurde ein Atlas dieser Zustände erstellt. Der Punkt ist, dass wir eine Biochemie der

Angst hatten. Diese Biochemie basierte auf obligatorischem zellulärem Stress. Und die Physiologie der Bewusstheit erfordert eine andere Biochemie, eine andere Verkabelung, andere neuronale Netzwerke.

Wir haben bereits diese neue Verkabelung, was aufgrund des widersprüchlichen Verhaltens einiger biochemischer Reaktionen ungewollt viele Fragen bei den Forschern aufgeworfen hat, was sie waren und was sie werden. Aufgrund zahlreicher Fragen von Ärzten und Wissenschaftlern musste ich eine Trilogie, Biochemie, schreiben, die eine detaillierte Analyse der molekularen Logik von der Vergangenheit bis zur Zukunft enthält. Die erste Auflage ist ausverkauft, die zweite Auflage wird sicher kommen.

Unser Planet ist von einer speziellen mentalen Hülle umgeben, die im Moment die „Überreste" der Gedanken der Menschen enthält, die unter dem alten

Gitternetz der alten Zeit geboren wurden (Gedanken, nicht Menschen). Durch einen speziellen Einstich (analog zum Aufstechen einer Blase) holte das Galactic-Team die nicht mehr benötigte Substanz heraus, sodass neue Energien ungehindert einströmen konnten. Das Durchstechen ist ein Portal zu neuen Energien. Sie können sich in Ihren Meditationen auf diese Durchdringung einstimmen und neue Informationen für sich selbst erhalten. Die Tür zu neuen Energien ist offen.

Wie man mit dem neuen Netz kommuniziert? Diejenigen Menschen, die konkrete positive Erfahrungen im Umgang mit ihren schwierigen Situationen gemacht haben, übertragen diese Erfahrungen automatisch durch ihre Gedanken und Gefühle in das neue Netz des vereinten Bewusstseins. Die neue Erfahrung beginnt sich auf der Erde auszubreiten. Alle anderen Menschen sind in der Lage, diese Informationen intuitiv zu lesen. Das können Sie auch. Sie beginnen einfach zu wissen die Informationen, die Sie benötigen. In gewissem Sinne ist es wie ein planetarisches Internet.

Der Prozess der Erweckung des zellulären Verstandes auf einer grundlegenden Ebene setzt sich in den physischen Körpern fort. Dies geschieht im physischen Körper aller Menschen, auch wenn man die Praktiken gar nicht kennt und sich aus verschiedenen Gründen nicht dafür interessiert. Um sie zu nutzen, müssen Sie den „Schalter" betätigen, um bewusst die Gefühle wahrnehmen zu können. Bewusstheit entsteht durch Gefühl.

Der „Schalter" ist ihr Bewusstsein. Solange man den „Schalter" nicht betätigt, ist die neue Verkabelung einfach da. Schalten Sie es ein und es beginnt zu arbeiten. Die Arbeit beginnt mit dem Einschalten der Regeneration auf einer grundlegenden Ebene. Die Regeneration erfolgt nicht auf der Ebene der früheren Biochemie - es handelt sich eher um Zellklone. Zum Beispiel bei einer Eidechse - echte Regeneration. Ein Schwanz wird abgerissen und ein neuer wächst. Auch in Zukunft wird ein Organ, das beim Menschen regeneriert werden muss, nach der wahren göttlichen Matrix regeneriert werden und nicht nach dem alten Netz. Es gibt bereits solche Fälle von Wiederherstellung.

Vielleicht wissen Sie das schon oder haben es aus einigen Informationen herausgehört. Jetzt beginnen Sie, es in der zusammengesetzten Fassung kennenzulernen. Ihr habt vielleicht andere Glaubenssätze, andere Lehren, andere Ansichten, andere Gedanken, aber dieses Netz funktioniert bereits, es ist bereits da. Der Prozess ist für jeden von uns im Gange, und auch Sie, die Sie diese Zeilen lesen, sind direkt an diesem Prozess beteiligt. Dementsprechend werden auch die Informationen neu sein. Ja, natürlich werden Realitäten von oben geschaffen, aber ohne Menschen ist dieser Prozess unmöglich, denn man braucht immer diejenigen, die ihn erden oder verankern können. Und Sie sind dieser Anker.

Über das, was die Welt eine Pandemie nennt

Was die Welt als Pandemie bezeichnet hat, weicht langsam zurück. Der Grund dafür ist das wachsende Bewusstsein. Immer mehr Menschen beteiligen sich an diesem Prozess. Es geht nicht darum, lange Zeit in Meditation zu sitzen. Es ist einfach der Wunsch, etwas zu erschaffen, der Wunsch zu leben, der Wunsch, sich selbst zu manifestieren und nicht von jemandem unterdrückt zu werden. Dies ist bereits Ihre Einbeziehung.

Die neue Vernetzung wird von Minute zu Minute stärker. Wenn sie bereits auf der physischen Ebene arbeitet, ist es klar, dass sie schon lange auf der subtilen Ebene arbeitet. Und diese disharmonischen Energien, von denen noch ein Bruchteil in dieser Welt vorhanden ist, werden immer mehr zersplittert und hören allmählich auf zu existieren. Und die neue Biochemie stößt die alte nicht ab, sondern absorbiert sie. Und während sie es aufnimmt, assimiliert sie es, wandelt es um. Nichts geht verloren, alles wird verwendet.

Im September 2021 gab es eine starke Energiewelle, einen Schwingungs-Tsunami. Dies war einer der letzten Versuche der Vertreter des alten Netzes des gebrochenen Bewusstseins, die Initiative zu übernehmen. Wenn Sie darauf vorbereitet sind, verstehen Sie, was wirklich geschieht, und betrachten das Geschehen als Beobachter.

Dann ändert sich die Realität - statt einer geplanten Panik kommt es zu einem ganz anderen, reibungslosen Ablauf der Ereignisse. Die Macht der vermeintlichen Negativität hört auf. Damit ändert sich die Situation zum Besseren. Es muss einfach geschehen. Sagen Sie es weiter, teilen Sie dieses Wissen.

Die Grundlage der Pandemie ist die Angst. Es ist nicht nur die Angst vor Krankheiten. Ich hänge nicht an einer bestimmten Modeerkrankung. Allgemein gesprochen, wenn wir über Pandemien an sich sprechen, ist es die Angst vor dem Tod.

Es ist wichtig zu wissen, dass in allen menschlichen Körpern das Angst-Gen von der feinstofflichen Ebene entfernt wurde. Dies bezieht sich insbesondere auf die Angst, die zu Panik führt (Herdenmentalität), die künstlich erzeugt wird. Eine solche äußere Angst löst bei einem Menschen selbstzerstörerische Prozesse aus. Wenn es keine Angst gibt, die zu Panik führt, gibt es auch keine selbstzerstörerischen Prozesse. Bewusstes Verhalten wird initiiert.

Diese Angst = Panik Gen hat eine lange biochemische Sequenz. Es handelt sich um einen Komplex spezieller Biochemikalien, die bestimmte Bereiche des Gehirns künstlich stimulieren. Es ist gerade die künstliche Stimulation, die mit der Manifestation der richtigen Substanzen beginnt. Zuerst ist nicht klar, warum ist die Panik da, und dann wird eine notwendige Idee eingepflanzt. Das war's, die Angst ist schon da.

Und der Tod, das kann ich mit vollem Verantwortungsbewusstsein sagen, ist die größte Täuschung der Welt. Es ist eine kolossale Illusion, denn es gibt gar keinen Tod. Es hat nie einen gegeben. Es ist ein Übergang. Sie behalten das Bewusstsein, Sie behalten Gefühle und Empfindungen. Sie leben weiter, kommunizieren mit Ihrer Familie und Ihren Freunden. Sie entwickeln sich weiter.

Woher weiß ich das?

Ganz zu schweigen davon, dass dieses Wissen über den Übergang, der "Tod" genannt wird, in allen möglichen Lehren verstreut ist. In meiner Zeit habe ich mehrere solcher bewussten Übergänge erlebt. Ich habe auch einen persönlichen Aufstieg am 25. Juli 2012 erlebt und erfahren.

Die Leute fragen mich oft, warum ich zurückgekommen bin. Die Antwort ist, ihnen davon zu erzählen, und noch mehr.

Ein paar Worte zu
Impfstoffen und Impfungen

Um es noch einmal zu sagen: Panik ist bei diesem Thema von der subtilen Ebene entfernt worden. Immer mehr Menschen entscheiden sich für bewusstes Verhalten, interessieren sich für den wahren Stand der Dinge, für alternative Informationen, analysieren die Situation. Das heißt, sie beginnen zu denken.

Die künstliche Panik war notwendig, damit die spezifische Substanz des Impfstoffs im menschlichen Körper ihre Wirkung entfalten konnte, und zwar auf der Grundlage der spezifischen Substanzen, die ein Mensch in einem Zustand der Panik erzeugt.

Dann durch die Planung der Vertreter des alten Netzes, musste eine Art Langzeitprogramm durchgeführt werden, das eine längere Wirkung auf die

Physiologie hätte. Denn das alte Raster des zersplitterten planetarischen Bewusstseins funktioniert seit Ende Juli 2021 nicht mehr, ist diese „Idee" nicht mehr zeitgemäß. Denn bewusstes und überlegtes Verhalten „schaltet" eine andere Biochemie ein, in der das Gefühl der Angst nicht mehr vorherrscht. Bewusste Angst hat nichts mit Panik zu tun.

Bei dem neuen Raster bleiben die spezifischen Substanzen in den Impfstoffen erhalten, aber ihre Eigenschaften wirken sich insgesamt nicht mehr auf den Körper aus. Ich beziehe mich hier nicht auf die grundsätzliche Zusammensetzung solcher Präparate, das können Sie selbst herausfinden, indem Sie eine Literaturrecherche durchführen. Schauen Sie nur nicht bei Wikipedia nach, dort gibt es viele Ungenauigkeiten. Beziehe deine Intuition mit ein, verbinde dich mit deinem Höheren Selbst, deinem Schutzengel und arbeite mit dem Material.

Die spezifische Substanz des Impfstoffs „schaltet" zunächst die Verbindung zu Ihrem Höheren Selbst aus - es entsteht ein „Nebel" in Kopf. Dann sinkt die Wirkung auf die Ebene des Solarplexus - der Wille wird unterdrückt. Und unten, an den Genitalien - der Rückgang der Fortpflanzungsfunktion. Dies wurde in einem planetarischen Maßstab geplant.

Durch bewusstes Verhalten wird dieser Prozess erheblich beeinflusst. Wenn der Schwingungshintergrund eines Menschen, sein Bewusstsein, hoch genug ist, ist er in der Lage, das zu unterdrücken, was in der Schwingung unter ihm liegt. Im Allgemeinen kann man seine Schwingung erheblich anheben, indem man die Hilfe seiner höheren Helfer in Anspruch nimmt - diejenigen, die den Planeten auf ein neues Energieniveau bringen.

Ausreichend zuverlässiges Wissen und aktuelle Analysen der aktuellen Situation auf der Erde finden sich auf der

Website „Возрождение.py". Es bietet auch die Praxis der „Energieeinheit" mit der Formulierung: „Ich bin der reine Kanal der göttlichen Energie und ich kanalisiere sie durch meinen Energieraum und fülle die Erde mit ihr zum höchsten Wohl aller."

Tun oder nicht tun? Da Sie nun das Gegenmittel kennen, stellt sich die Frage anders - muss ich das tun oder nicht? Es gibt Zeiten, in denen es unerlässlich ist, ins Ausland zu fliegen, um Verwandte zu besuchen oder aus anderen Gründen. Man wird geimpft und benutzt ein Antidot. Dann bleibt nur noch die äußere Handlung (der Stich). Im Allgemeinen sind die Substanzen selbst und die Modekrankheit zwei völlig verschiedene Dinge. Wenn Sie sich erlauben, Ihr Gehirn „einzuschalten", werden Sie erkennen, dass der globale Plan der alten Gittervertreter nicht mehr aktuell ist. Und Sie hören auf, Ihr Bewusstsein denen zur Verfügung zu stellen, die davon profitieren, Sie zu manipulieren, sodass Sie

Quarten Übergang oder positive Mutation der Menschheit

beginnen, sich selbst mit ihren eigenen Gedanken zu zerstören.

Es ist verständlich, dass es schwierig ist, verschiedene komplexe Situationen auf einmal als ein unbeteiligter Beobachter zu betrachten. Gerechter Zorn, wie gerecht er auch sein mag, hat im Kern Ärger, Wut, oft auch Ohnmacht und Bitterkeit. All dies ist ein niedriger Schwingungshintergrund. Das heißt, ein Mensch in einer solchen Situation hat eine unterbrochene Verbindung zu seinen höheren göttlichen Führern, insbesondere zu seinem höheren Selbst. Intermittierende Verbindung bedeutet, dass Informationen aus den Astralbereichen in Ihren persönlichen Kanal eindringen können, d.h. es findet eine Kontamination des Bewusstseins statt.

Die Anrufung einer höheren Ebene hebt die eigene Schwingung an und klärt die eigene Energiestruktur. Der Beobachterzustand bedeutet eine neutrale Haltung der Person, die es den höheren

Mächten ermöglicht, hohe Energie durch das Bewusstsein der Person auf die dichte Ebene zu leiten und so zu helfen, Ihre Situation auf harmonische Weise zu lösen.

Was tun, wenn Sie krank sind - Informationen zum Nachdenken. Das Institut Pasteur hat die Wirksamkeit von Ivermectin erneut bestätigt. Eine einzige Dosis kann bei manchen Menschen das gesamte genetische Material des „Modevirus" zerstören. Wenn Sie eine höhere Macht um Hilfe bitten, kann die Wirkung verstärkt werden.

Was sollten Sie tun, wenn Sie gezwungen werden?

Es gibt ein Paradox, das darin besteht, dass das System keinen Anspruch auf eine Person erhebt, wenn diese innerlich ausgeglichen ist, sich selbst im Gleichgewicht befindet. Wenn die Person nicht das richtige Gleichgewicht hat, werden ihr Erfahrungen angeboten, um dieses Gleichgewicht zu erreichen.

Beispiel. Einem Arbeitnehmer wird am Arbeitsplatz befohlen, bestimmte Dinge zu tun. Der Angestellte antwortet mit Nein: „Du tust, was man dir sagt. Ich werde mir überlegen, was ich als Nächstes tun soll." Die Konfrontation wurde beendet. Wie Sie sehen können, ging es nicht um die Worte des Mitarbeiters, sondern um seine Gedanken und Gefühle. Das heißt, es wurde eine Situation geschaffen, die auf dem beruhte, was die Person fühlte.

Auch angeordnete Handlungen werden ein Hinweis und eine Hilfe für jemanden sein - oder vielleicht ist es an der Zeit, Ihren Job zu kündigen, Ihre Einstellung zu ändern, auf etwas zu achten. Ja, in jedem Fall wäre es ein Verlassen der Komfortzone dieser Person, die sich im Laufe der Jahre entwickelt hat. Für andere ist es eine notwendige Hilfe, sich an eine höhere Macht zu wenden.

In jedem Fall - ob man es tut oder nicht - muss man sich fragen: Warum tut man es? Und beantworten Sie die Frage so ehrlich wie möglich, anders gesagt, stellen Sie sich selbst an die Wand. Die Fragen und Antworten, die Sie sich stellen werden, können Sie bis ins Innerste erschüttern, denn es ist Ihre Seele, die Ihnen antworten wird.

Es ist ratsam, diese Impfsituation von außen zu betrachten, denn in jedem

Menschen steckt von Geburt an ein Funke Gottes. Er ist immer da, unter allen Umständen, er geht nirgendwo hin. Gäbe es Ihn nicht, würden wir auch nicht existieren. Es ist dieses Tröpfchen, der kleine Kernreaktor, der nicht nur unseren physischen Körper enthält, sondern auch den Kern Ihrer Essenz, er ist Sie selbst. Sie mögen sich selbst nicht in diesem Ausmaß kennen, aber eines Tages werden Sie es herausfinden.

Und so hört die Verbindung mit Gott nie auf. Gott ist für unseren irdischen Verstand unbegreiflich, ein großes Wesen, das diese Welt und die Schöpfung im Allgemeinen geschaffen hat. Ich will damit sagen, dass es hier nichts gibt, was nicht göttlich ist.

Wenn man von der menschlichen Ebene aus schaut, beginnt man, in „schlecht" und „gut" zu unterteilen. Wenn man von oben schaut, dann beginnt man zu erkennen, dass die Dinge nicht so einfach sind, wie sie aussehen, und dass hier ein mächtiger Evolutionsplan am Werk ist. Was aus der Nähe als Chaos erscheint, entpuppt sich aus der Ferne als Manifestation einer neuen Harmonie. Die menschliche Logik kann nicht erfassen, was zur göttlichen Vision gehört. Aber man kann es lernen, indem man mit den Grundlagen der Achtsamkeit im Alltag beginnt.

Die Frage liegt tiefer, nicht einmal in der Situation selbst, sondern in der Akzeptanz Ihrer natürlichen göttlichen Essenz, an sich selbst zu glauben, sich selbst zu akzeptieren. Der göttliche Funke, der sich in den Tiefen eurer Essenz befindet. Und die Essenz ist nicht auf der physischen Ebene gespeichert. Es sind eure Gefühle, die zu Ereignissen führen, es sind eure Gedanken, es ist eure Absicht die sich fast augenblicklich materialisiert.

Das ist Ihre Macht. Und der Schlüssel dazu ist, ob ihr an euch selbst glaubt oder nicht. Entweder ihr akzeptiert, dass ihr ursprünglich göttliche Wesen seid, oder ihr akzeptiert es nicht. Wenn ihr das nicht akzeptiert, könnt ihr manipuliert und kontrolliert werden. Man kann mit Angst indoktriniert werden, und man wird beginnen, sich selbst zu zerstören. Nicht jemand von außen wird das tun, sondern Sie mit Ihrer eigenen unbewussten Angst. Ja, das Panik-Gen wurde entfernt, aber Ihre Macht bleibt. Wohin werden Sie diese Macht lenken? Deshalb ist es so wichtig, sich seiner selbst bewusst zu sein, sich zu spüren.

Was ist überhaupt los?

Die Welt wird immer absurder und chaotischer. Absurdität ist notwendig, damit die Menschen sich fragen: Was passiert eigentlich? Was ist das Wesentliche an dem, was geschieht? Warum ist das so? Es reicht aus, dem Höheren Plan eine Frage zu stellen, damit der Fragende die notwendigen Informationen erhält. Und es folgt eine Offenbarung.

Es findet eine Trennung statt. Sicherlich ist Ihnen bewusst, dass es andere Wesen gibt, die in menschlichen Körpern wie in biologischen Anzügen leben. Ich spreche hier nicht von Besessenheit. Das sind jene Lebewesen, die in die Inkarnation kamen, die genau in menschlichen Körpern geboren wurden. Sie können Vertreter anderer Zivilisationen sein, für die es an der Zeit ist, in ihre Welten zurückzukehren.

Unter den Bedingungen des alten Gitters waren sie glücklich und fühlten sich hier wohl. Aber als der Schwingungshintergrund zu steigen begann, wurde es für sie lebenswichtig, den Planeten zu verlassen. Der steigende Schwingungshintergrund wurde für sie tödlich. Auch diejenigen gehen, die physische Ebene verlassen, die den Übergang auf der feinstofflichen Ebene in einer Welt, die ihrer Bewusstseinsebene entspricht, leichter bewältigen können. Auch das kann schwer zu akzeptieren sein, aber man muss die Entscheidung und Erfahrung der Seele respektieren. Wir erschaffen unser eigenes Schicksal mit unseren Gedanken und Gefühlen. Gefühle schaffen Ereignisse - das Universum hört, was ein Mensch will, und verwirklicht es.

Manchmal geht ein Mensch, weil seine Seele noch jung ist und sie die dichten Welten weiter erforschen muss. Sie muss ihre Gesetze lernen und die entsprechenden Gefühle erleben.

Quarten Übergang oder positive Mutation der Menschheit

Hier ist ein Beispiel für die neuen Energien. Im Radio gab es den üblichen Bericht über Menschen, die an einer „Modekrankheit" erkrankt und gestorben sind. Zum ersten Mal wurde auch gesagt, wie viele wieder gesund geworden sind. Das Ausmaß des Geschehens mit Zehntausenden, die wieder gesund wurden, wurde sofort deutlich.

Über die neue Struktur des Wassers

Das Wasser hat begonnen, seine Struktur zu verändern. Das alte Gitter selbst strahlte Angst aus. Diese starre Struktur strahlte ein Spektrum aus, das als Schumann-Frequenz von 7,8 Hertz bezeichnet wird. Und das war über Jahrtausende eine Konstante auf dem Planeten. Das war sie.

Wasser auf der neuen feinstofflichen Ebene ist eine kochende Substanz. Ein Vertreter der intelligenten Wasserstoffverbindungen. Die Formel hängt von den Eigenschaften des Wassers ab, die es zum Ausdruck bringen will. In einer Zelle funktioniert es wie ein Neuron. Neue Arten von Wasser sind Clusterwasser, ionisiertes Wasser und flüssige Elektrizität.

In der Türkei gibt es eine Wasserquelle, durch die wie durch ein Portal, durch eine Tür, ein sehr starker Strom negativer Energien in die Erde gelangte. Es gibt dort auch eine lebensspendende Quelle.

Ein Phantom wurde der lebensspendenden Quelle entnommen und auf dem Baikalsee platziert. Die Energiestrukturen wurden assimiliert und dann auf der feinstofflichen Ebene auf alle Gewässer in Russland übertragen. Denn Russland ist ein führendes Land auf der spirituellen Ebene.

Ob wir es wissen oder nicht, ob wir zustimmen oder nicht, es ist bereits ein höherer Plan, der vorgeschrieben wurde, und er wird bereits ausgeführt.

Wir sind zu 70-80% Wasserwesen, was bedeutet, dass ein anderes, leukozytäres Plasma bereits in uns zu arbeiten beginnt. Das Blut beginnt, eine andere Schwingungsbasis zu manifestieren, die mit dem neuen Raster des einen kollektiven Bewusstseins in Einklang steht.

Die Rhythmen der roten Blutkörperchen haben sich verändert. Sie sind führend für das Funktionieren des Blutes geworden. Und alles hängt vom menschlichen Bewusstsein ab, von Gefühlen, von Emotionen. Unsere Macht liegt in unserer Fähigkeit zu denken. Gedanke und Wort sind verkörperte Energie. Und das ist nicht länger ein dummer Unsinn.

Ein Beispiel für die Manifestation von neuen Energien. Sie kennen Schneeflocken. Wenn Sie das Zentrum einer Schneeflocke mit einem starken Mikroskop betrachten, können Sie sehen, dass sich dort Wasser befindet. Es hat eine besondere Struktur und kann nicht einfrieren. Das heißt, diese Struktur gehört zu anderen Energien - zu denen, die aus dem göttlichen Jenseits kommen.

Wasser ist ein intelligentes Wesen, und es wird jetzt frei. Und Freiheit ist Kreativität, sie ist bewusste, von Herzen kommende Kreativität. Das Element Wasser steht auch für den emotionalen und psychologischen Bereich der Menschheit.

Viele Forscher, darunter Svetlana Dragan (eine berühmte Astrologin in Russland, die sehr genaue Vorhersagen macht), sprachen im August 2021 über das Datum 22.02.2022. Zu diesem Zeitpunkt wird es einen Neustart für den gesamten emotionalen und psychologischen Hintergrund der Menschheit und des Planeten geben. Wie es sein wird, weiß ich nicht. Vielleicht werden wir an die Orte versetzt, für die wir bestimmt sind. Diese Zeilen werden im Januar 2022 geschrieben. Ich arbeite schon seit mehr als einem Jahr über dieses Buch und heute wissen wir alle, wie es sich manifestiert hat.

Die Denkprozesse aller Menschen werden sich anders entfalten. Und es wird eine ganz andere Reaktion auf die alten Muster von Situationen geben. Nicht nach dem alten Gitter.

Und es ist auch wichtig zu wissen, dass die Evolution absolut alle Menschen aufnimmt, die sich zumindest ein bisschen für das Licht interessieren. Und wenn es überhaupt kein Interesse gibt, ist das eine andere Geschichte. Das ist weder etwas Schlechtes noch etwas Gutes. Es ist eine Wahl.

Quantenübergang.
Notfallhilfe für Sie selbst.
Brief eines Lesers.

„Guten Tag, es scheint drei Monate her zu sein, dass ich mich in einer aktiven Phase des Quantenübergangs befand. Und ich habe eine ziemlich harte Zeit. Schwäche, die jeden Tag schlimmer wird. Totale Schlaflosigkeit.

Plötzlich kamen all die Gesundheitsprobleme zum Vorschein, die ich längst vergessen hatte und mit denen ich 20 Jahre lang bequem gelebt hatte, ohne mich auch nur daran zu erinnern.

Aber die gute Nachricht ist, dass meine Oberschenkel mit einem dichten Netz von Blutgefäßen, Sternen und Flecken übersät waren. Und plötzlich finde ich völlig klare Haut, wie die eines Babys. Und ich bin 79 Jahre alt! Und irgendjemand hat ganz offensichtlich die

Regie über meine Ernährung übernommen. Ich bin angenehm überrascht.

Frage: Wie kommuniziere ich mit meinem Helfer? Es ist schwierig, solche ungewohnten Ereignisse und Bedingungen allein zu bewältigen. Wie lange dauert diese Anpassung? Manchmal kann ich aufgrund von Schwäche nicht hinausgehen. Und doch geht das Leben mit all den Angelegenheiten der 4. Dimension weiter und niemand hat sie abgesagt!

Wie kann man sich selbst helfen? Gibt es Informationen zu diesem Thema mit konkreten Empfehlungen?"

Antwort.

Hallo! Sie sind nicht allein mit Ihrem Gefühl, was vor sich geht. Es ist nur so, dass wir immer noch zerstreut sind und dazu neigen, das, was geschieht, als alles andere als Symptome der Gegenwart und des Quantenübergangs zu betrachten.

Tatsache ist, dass die wirkliche Umstellung der Stressbiochemie, von der wir seit Jahrtausenden leben, auf die Biochemie der Freude begonnen hat. Und diese Umstellung ist ein Übergang, der viele Veränderungen mit sich bringt.

Vielleicht gibt es Anzeichen für Beschwerden, von denen Sie dachten, dass Sie sie schon lange geheilt hätten. Die Wurzeln von Beschwerden, die auf anderen subtilen Ebenen Ihres Körpers fortbestanden haben, kommen zum Vorschein. Die Krankheit kann sogar akut sein. Das bedeutet, dass der Körper die Krankheit auf einer tieferen Ebene loswird. Unser Körper ist sehr intelligent und oft intelligenter als wir selbst!

Jetzt ist es an der Zeit, das 4. Chakra zu öffnen, das Chakra der Liebe und des Mitgefühls. Es ist oft blockiert und seine Aktivierung kann von Sehnsucht oder

Angst begleitet sein. Das 4. Chakra ist mit der Thymusdrüse verbunden. Dieses Organ befindet sich an der Vorderseite der Lunge und befindet sich bei den meisten Menschen noch im Anfangsstadium. Wenn sich das 4. Chakra zu öffnen beginnt, beginnt der Thymus zu wachsen. In einem späteren Stadium kann er sogar auf einem CT-Scan sichtbar sein.

Das Wachstum der Thymusdrüse ist mit Brustschmerzen und Erstickungsanfällen verbunden. Es können Symptome einer Bronchitis oder Lungenentzündung auftreten, wobei Ärzte fälschlicherweise eine Grippe oder Lungenentzündung diagnostizieren. Ein wichtiges Symptom sind Herzschmerzen. Dabei handelt es sich um eine Art Herzrhythmusstörung, die dadurch entsteht, dass sich das Herz auf die neuen Energien einstellt.

All diese Veränderungen werden nicht öffentlich diskutiert, weil die

Wissenschaft glaubt, dass dies die Bevölkerung verängstigen könnte. Dennoch verändern sich die Menschen auf zellulärer Ebene. Viele Menschen können das spüren. Viele Religionen haben über den Übergang gesprochen und wussten, dass er kommen würde. Es ist eine positive Mutation, auch wenn ihr körperlich, geistig und emotional Angst und Verwirrung empfinden könnt.

Heute hat die menschliche DNA unter dem Einfluss der Sonnenaktivität zu mutieren begonnen. Ich schreibe dies, weil viele Menschen verängstigt sind und versuchen, Ärzte zu finden, unfähig, den Prozess der Veränderung auf einer tiefen Ebene in ihrem physischen Körper zu erkennen. Und die Behandlungen funktionieren nicht, die staatlichen und medizinischen Maßnahmen funktionieren nicht. Nichts davon ist den Herausforderungen gewachsen, die die Sonne dem Menschen bietet.

Diese Symptome kommen und gehen plötzlich, erscheinen ohne Grund und verschwinden von selbst. Das sind gute Zeichen: Der Körper sendet Ihnen eine Botschaft, dass er sich von der alten Biologie und dem alten Denken befreit. Bleiben Sie dran.

Was hilft in dieser Situation? Die Kommunikation mit Ihrem Höheren Selbst. Man könnte sagen, dass dies wirklich das wahre Allheilmittel in unseren schwierigen Zeiten ist. Denn eines Tages finden Sie sich vielleicht in einer isolierten Umgebung ohne Internet und ohne Telefon wieder. Wenn Sie sich nur noch auf sich selbst und Ihr Höheres Selbst verlassen müssen, wird das von einer Vermutung zu einer alltäglichen Tatsache. Jeder wird es zu seiner Zeit erleben.

Das Kriterium für wahre Kommunikation ist Wärme und Güte in

der Brust. Ein Zustand des Friedens und der Gelassenheit.

Wie kann man kommunizieren? Wie mit einem engen Freund, mit Worten oder Gedanken. Bedanken Sie sich zunächst für die Hilfe, bitten Sie um einen konkreten Rat, sagen Sie, wie Sie diesen Rat am liebsten erhalten würden - in einem Traum oder in Form eines Ereignisses, das Sie verstehen. Es gibt viele Techniken im Internet zu diesem Thema, suchen Sie sich eine aus, die Ihnen gefällt.

Wie können Sie sich selbst helfen? Zunächst einmal, indem man weiß, was vor sich geht.

Über die Mechanismen der Quantenselbstheilung.
Die Alchemie der Akupunktur

In den letzten Jahren haben die Wissenschaftler viele sehr wichtige Entdeckungen gemacht. Alle Entdeckungen sind grundlegend und außergewöhnlich. Diese Entdeckungen stehen in direktem Zusammenhang mit den Ereignissen auf der Erde und dem, was in unserem Körper vor sich geht. Ich erinnerte mich mit Freude und Entsetzen daran, dass all dies nicht nur hier und jetzt geschieht, sondern genau in unserem Körper, in unseren Zellen, in unserem Lebensraum. Es ist eine Sache, rein theoretisch zu wissen, dass irgendwo etwas entdeckt wird. Es ist eine ganz andere, zu wissen, dass es in dir selbst geschieht.

Durch „Zufall" bin ich auf die Website der klinischen Forschung für 2015-2016 gelangt. Ich sollte betonen, dass es hier nicht um theoretische Forschung geht, sondern um medizinische Entdeckungen. Die modernen Mediziner haben Optik und Kinetik zu einem neuen Wissenschaftszweig kombiniert - der Optokinetik - und dabei eine ganze Reihe von Entdeckungen gemacht. Und die wichtigste dieser Entdeckungen ist, dass Licht das Zellgedächtnis löscht.

Hier geht es nicht unbedingt um Laborexperimente, sondern um lebende Menschen, die mit ihren Problemen zu Ärzten gegangen sind. Und als Ergebnis wurde entdeckt, dass die Energie der Sonne, die jetzt anders ist, und das neue Weibliche, das sich auf der Erde manifestiert - all diese neue Energie den alten Energiemüll aus unseren Zellen entfernt. Das heißt, das Energiegerüst der Zelle verändert sich.

Das alte Skelett der Zelle wurde von den Mitochondrien gesteuert, wie es sogar in Schulbüchern beschrieben wird. Und nun stellt sich heraus, dass dies nicht mehr der Fall ist. Die Mitochondrien sind nicht mehr das Kraftwerk der Zelle, sie ernähren sie nicht mehr. Anstatt sie zu ernähren, begannen sie, gelinde gesagt, die Zellen abzuschalten und verschiedene schwere chronische Krankheiten zu verursachen.

Und die Ursache für diese Krankheiten war Stress, der von diesen Mitochondrien ausging. Und es stellte sich heraus, dass die Mitochondrien einen Wirt haben, der früher dort "lebte". Wenn er noch da wäre, hätte es diese Entdeckungen nicht gegeben. Es handelt sich um ein Protein namens Mitofusin. Es war schon vorher bekannt. Ohne es könnte keine Reaktion in unserem Körper ablaufen. Früher dachte man, je mehr von diesem Protein im Körper, desto besser, desto mehr Energie. Es stellt sich heraus, dass sein Vorhandensein die Ursache von Stress und damit die Ursache aller Krankheiten ist. Mehr noch, es provozierte sogar diesen Stress. Selbst wenn der Mensch im

Gleichgewicht war, wurde zwangsläufig eine Situation der Irritation geschaffen. An einem schwachen Punkt würde der Mensch ausrasten und der entsprechende Befehl würde ausgelöst.

Der Körper beginnt also, die Mitochondrien loszuwerden. Natürlich geschieht dies nicht bei allen Menschen, aber es geschieht bereits. Er schiebt diese Mitochondrien hinter die Zellmembran, wie Müll. Ein absolut unglaublicher physiologischer Prozess. Auch hier merkt man es nicht. Es handelt sich nicht um eine Krankheit irgendeiner Art. Es handelt sich einfach um eine Veränderung der Physiologie. Man beginnt zu forschen: „Wie kann das sein?" und „Was passiert stattdessen?" Und im Allgemeinen ist es ein Skandal!

Das Mitofusin-Protein war im menschlichen Körper vorhanden und die meisten haben es noch. Es war Teil der Mitochondrien und sorgte für die lokale

Chemie. In der Forschung stellte sich heraus, dass dieses Protein alle Akupunkturpunktkanäle hielt. Und genau unter ihm wurde das geschlossene Nervensystem geschärft, das auf Reflexen und Instinkten beruhte. Wir sind uns ihrer Existenz in uns selbst nicht bewusst. Sonst wären wir alle Götter. Und es war Mitofusin, das den ständigen intrazellulären Stress auslöste.

Sie wurde als „Angstbiochemie" bezeichnet. Das ist genau die Biochemie - es ist eigenes Blut, eigene Lymphe, eigenes Plasma. Und es handelt sich nicht nur um intrazellulären Stress, sondern dieses Protein wurde in fast allen wichtigen Organen unseres Körpers gefunden - das Gehirn, das Herz und sogar Stammzellen wurden auf Mitofusin „süchtig".

Apropos Stammzellen. Was sie jetzt aus Stammzellen züchten wollen, ist noch gar nicht so wichtig. Aber diese Zellen sind schon alt. Sie sind mit dem Mitofusin-

Protein. Jetzt werden also die zugrundeliegenden Probleme wieder aufgegriffen, angefangen bei der Wellengenetik, der Kernphysik und so weiter. Die ganze Wissenschaft ist im Umbruch.

Und was ist der Ersatz für die Mitochondrien? Wir sind doch am Leben. Das Zentrosom öffnet sich. Das ist das geometrische Zentrum der Zelle. Unter einem Mikroskop sieht es wie eine Sonne aus. Die Kinder zeichnen eine Sonne - einen Punkt und Strahlen in verschiedene Richtungen. Eine Zeit lang war das Zentrosom in der Zelle nur ein „Zeichen". Aber da man nicht an es herankam oder es sich vorerst nicht öffnete, wurde es als - nun ja, es ist und bleibt. Es gibt viele Dinge in unserem Körper!

Dann, ab den 1980er Jahren, begann das Zentrosom zu leuchten. Genau genommen leuchtet es wie eine Weihnachtsbaumgirlande mit pulsierenden Lichtern aus goldenem Licht. Und es ist eine andere Art von Licht. Wie soll ich es ausdrücken? Eine andere Lichtmaterie ist da. Neue Materie, neue Lichtstruktur, neue photonische Organisation. Und plötzlich begann sie aus der Zelle heraus zu pulsieren. Völlig andere Materie begann plötzlich, die Zelle von innen zu beleuchten und wurde zu einer neuen Energiebasis. Das Mitochondrium wurde nicht mehr gebraucht.

Die Zelle wurde mobil. Sie schaltete „plötzlich" ihr Bewusstsein ein, wachte „plötzlich" auf und erkannte, dass sie in sich selbst aufräumen konnte. Sie nahm einen „Besen" und fegte den überschüssigen „Müll" heraus.

Auch Plasma ist anders - es ist bereits Wasser. Auch die Struktur des Wassers ist längst nicht mehr H2O. Im richtigen Moment wirkt es wie eine Säure. Und diese Mitochondrien verschwinden, ohne Schaden für den Körper. Die Zelle kann ihr Skelett (Zytoskelett) nach Belieben verändern, je nach den Bedürfnissen des Körpers. An einem bestimmten Punkt kann sie starr sein, an einem anderen weich und an einem dritten sehr flexibel. Oder, genauer gesagt, durch die intelligente Wahl des Zentrosoms. Und das alles ist Zentrosom! Es manifestiert sich nicht nur als ein Energiezentrum, sondern als etwas mehr. Der General der Zelle, oder ihr Konzertmeister!

Die Physiologie der planetarischen Menschheit hat begonnen, sich zu verändern. Jeder, der jetzt auf unserer Mutter Erde lebt, durchläuft die Mutation oder Alchemie der Akupunktur. Es handelt sich also nicht mehr um eine bloße Verschmelzung von Wissen, sondern um eine Arbeit im Gange wie im alten Okkultismus.

Und Unterscheidungsvermögen wird überall gebraucht. Ohne diese Fähigkeit kann man in dem heutigen Information-Tsunami ertrinken. Es gibt das Okkulte und es gibt das Okkulte. Es gibt Wissenschaft und es gibt Wissenschaft. „Filtern Sie den Mist", prüfen Sie, ob er wahr ist oder nicht. Ob Sie es brauchen oder nicht, bleibt Ihnen überlassen. Es gibt viele Methoden, viele Wege. Um es milde auszudrücken, „Seien Sie kein Trottel, machen Sie sich nicht die Ohren mit Informationsnudeln schmutzig!" Sie müssen wissen, wie Sie den richtigen Kies finden. Es gibt sie überall.

Als wir uns die Entdeckungen in verschiedenen Bereichen ansahen, haben wir uns auch mit der Astronomie beschäftigt. Es scheint, dass die Zelle, das Mitochondrium und die Astronomie miteinander verbunden sind. Es stellt sich heraus, dass es eine direkte Verbindung gibt. Das Zentrosom pulsiert im gleichen

Rhythmus wie Pulsare, Kardiopulsare. (Wheatley D.N. Die Centriole: ein zentrales Rätsel der Zellbiologie. Amsterdam; N.Y., 1982).

Als wir uns die Pulsare ansehen mussten, stellten wir fest, dass das Zentrosom, der Herzrhythmus und die Pulsare alle den gleichen Rhythmus haben. Elektrokardiogramme bestätigen dies. Man nannte das Konventionell, den Lebensrhythmus.

Und noch ein Punkt. Das geschlossene Netz der Akupunktur ist auf der Erde seit sehr langer Zeit durch die sogenannte Schumann-Frequenz manifestiert und aufrechterhalten worden. Es sind nicht dreitausend Jahre, sondern viel länger. Wer sich mit der Erforschung des Weltraums beschäftigt hat, weiß, dass es sich dabei um Astro-Navigation handelt. Seit den 1980er Jahren begann das Magnetfeld der Erde zu schwächeln. Die

Schumann-Frequenz lag damals bei 7,8 Hertz.

Eine Frequenz von 7,8 Hertz wurde benötigt, um ein geschlossenes Nervensystem und ein geschlossenes Akupunktur Kanalsystem aufrechtzuerhalten. Dies ist die Basisfrequenz für die Biochemie der Angst, der Mitochondrien und des Mitofusin-Proteins. Daher kommen all das Misstrauen, die Reizbarkeit und andere Zustände. Der Zustand des Körpers hat sich gelockert. Die Analogie ist ein Baby, das fest in ein Laken eingewickelt ist, wie es früher der Fall war, oder in eine Windel, in der man sich frei bewegen kann.

Ich sollte noch hinzufügen, dass in letzter Zeit auf YouTube Videos von Meditationen für das „gute Leben" auftauchen, die mit einer Frequenz von 7 Hertz abgespielt werden. Diese Frequenz wurde als harmonisch für die

Wiederherstellung der Gesundheit beschrieben. In Wirklichkeit liegt diese Frequenz in der Nähe von Infraschall, der für den Körper schädlich ist. Seien Sie gewarnt!

Die Schumann-Frequenz hat also zu steigen begonnen. Seit 2012 hat sie den Wert von 13 Hz überschritten. Früher hat man uns Angst eingejagt: „Seht her, das ist das Ende der Welt für euch!". Denn für eine Zellmembran waren 13 Hz die maximale biologische Grenze! Und sie sagten die Wahrheit. In der Tat, es war so in einem geschlossenen Akupunktursystem und globalen Überlebensmodus! Und dann leuchtete „plötzlich" das Zentrosom auf, und es stellte sich heraus, dass 13 Hz vergangen waren und das Ende der Welt vergessen war. Das Erinnern wurde irrelevant, und die Physiologie verändert sich unbemerkt weiter.

Dieser Wert ändert sich exponentiell - zunächst eine langsame Kurve, die dann steil ansteigt. Viele tausend Jahre lang war es also eine flache Linie. Dann, ab den 1980er Jahren, ging es aufwärts. Zunächst langsam, dann immer schneller. Im Januar dieses Jahres, 2017, erreichte sie 36 Hertz. Sie ist weiter gestiegen. Inoffiziell haben wir bereits die 50 überschritten. Übrigens haben die Zen-Buddhisten früher eine Frequenz von 50 Hertz als Frequenz der Erleuchtung bezeichnet. Aber ich spreche jetzt nicht über Physik oder andere Konzepte, sondern nur über Physiologie. Nur die Fakten.

250 Hertz und mehr	Aufopferungsvolle Liebe. Die Liebe einer Mutter
205 Hertz und mehr	Universale bedingungslose Liebe
150 Hertz und mehr	Liebe aus dem eigenen Herzen
150 Hertz und mehr	Barmherzigkeit

Quarten Übergang oder positive Mutation der Menschheit

146 Hertz und mehr	Einssein mit anderen
140 Hertz und mehr	Herzliche Dankbarkeit
95 Hertz	Großzügigkeit, Edelsinn
50 Hertz und mehr	Liebe mit dem Verstand, aber nicht mit dem Herzen
45 Hertz	Dankbarkeit (Danke) und Akzeptanz der Welt
46 Hertz und mehr	Die eigenen Schwächen akzeptieren
38 Hertz und mehr	Sich selbst akzeptieren
3,1 Hertz	Stolz, Grössenwahn
3 Hertz	Bedauern, Lügen
2,8 Hertz	Selbstdarstellung
1,9 Hertz	Exzellenz, Zweifel
1,5 Hertz	Vernachlässigung
1,4 Hertz	Zorn
0,9 Hertz	Reizbarkeit, Aggression
0,9 – 3,8 Hertz	Irritation
0,8 Hertz	Hochmut
0,6 – 3,3 Hertz	Groll
0,6 – 1,9 Hertz	Empörung
0,5 Hertz	Ein Wutausbruch

Quarten Übergang oder positive Mutation der Menschheit

0,2 – 2,2 Hertz	Angst
0,1 – 2 Hertz	Kummer

Von 3 bis 26 Hertz – einen neutralen, unbesetzten Bereich. Niedrige Frequenzen können nicht nach oben steigen und hohe Frequenzen nicht nach unten sinken.

Das höhere Spektrum ist auf der Erde noch nicht manifestiert. 36 Hz ist die Frequenz der Selbstakzeptanz. Es ist notwendig, alle deine bewussten und unbewussten Mängel auf einem Haufen zu sammeln und sie alle „Visitenkarte meines Meisters" zu nennen. Und alle Unzulänglichkeiten werden in diesem Moment zu Tugenden oder verschwinden.

Über die neue Zelle und das Zentrosom

Das Zentrosom ist nicht nur das geometrische Zentrum der Zelle, sondern empfängt und sendet auch Licht. Oder, um es geschickt auszudrücken, Photonen. Das wird dosiert. Wenn diese Energie für die Heilung einer Krankheit notwendig ist, wird sie angenommen. Sie kann hart oder weich sein, je nachdem, was benötigt wird. Wie - kann man nicht sagen. Es hat einen Verstand. Es hat ein Netzwerk von Lichtleitern aufgebaut. Sonst gibt es Ecken und Winkel in unserem Körper, wo das Licht einfach nicht hinkommt. Und diese Lichtleiter werden verlegt, die richtige Menge an Energie erreicht jedes Organ und es heilt sich selbst.

Das Zentrosom steuert das Leben und den Tod der Zelle. Es ist sicherlich eine Stufe der Intelligenz. Wie auch immer Sie es nennen wollen. Und es birgt den Schlüssel zum Geheimnis, wie alle lebende Materie organisiert ist. Als sie schlief, wusste niemand davon. Und jetzt ist sie wach und leuchtet. Und jetzt muss man mehr tun als nur physiologische Entdeckungen zu machen. Man muss beobachten, was um uns herum geschieht. Je weiter man schaut, desto genauer versteht man, was eigentlich vor sich geht. Das nennt man Synthese oder Synergie.

Gegenwärtig ist das Zentrosom bereits mit voller Kraft eingeschaltet und in der Tat laufen zwei Energieströme im Körper umher - der konventionelle äußere und der innere. Der äußere ist das neue Licht der Sonne. Der innere ist das Licht, das durch das Zentrosom kommt. Wenn diese beiden Ströme zusammenkommen, schaffen sie wahre göttliche Wunder.

Dieser neue Mechanismus ist von den Wissenschaftlern als der Beginn der natürlichen, globalen Heilung, der Wiederherstellung der göttlichen Kraft und der Rückkehr zu einem langen, aktiven, gesunden und kreativen Leben bezeichnet. Und genau das geschieht jetzt auf der Erde.

Außerdem muss man sagen, dass diese Prozesse individuell ablaufen, je nach unserem Bewusstseinsstand. Wenn Sie kein Licht in sich haben wollen, wird der Prozess der Versorgung der Zelle mit Energie durch Metafusion trotzdem funktionieren und Stress auf zellulärer Ebene verursachen. So seltsam es auch erscheinen mag. Mit anderen Worten, wir können sagen, dass das Glückshormon Oxytocin von unserem Körper nach unserem Willen produziert wird.

Um mir selbst vorzugreifen, würde ich sagen, dass unsere DNA auch aus Licht besteht. Sie ist strukturiertes Licht und das ist die Entdeckung der Wellengenetik. Und in diesem Zusammenhang ist die Entdeckung der sogenannten Junk-DNA besonders interessant. Zuerst dachten die

Wissenschaftler, es sei Müll. Dann erkannten sie, dass es sich nicht um Müll handelt, sondern es ist genau der Lichtanteil, der dazu beiträgt, dass die Physiologie anders wird. Vorher konnte es nicht funktionieren. Nur 3% arbeiteten und 97% schliefen. Die 3% reichten für ein geschlossenes Nervensystem, das von Reflexen lebte und keine Entwicklung brauchte. Und als die 97% begannen, sich zu öffnen und durch das Pulsieren des Lichts lebendig zu werden, wurde es für das Gehirn möglich, im Gamma-Rhythmus zu arbeiten - dem Rhythmus der Inspiration und Kreativität.

Das ist früher auch passiert, aber in geringem Umfang und unbewusst. Und was das Bewusstsein angeht, so ist das ein ganz anderes Thema. Warum ist das Akupunkturnetz verschwunden? Weil das Nervensystem von einem geschlossenen zu einem offenen System wurde und der Organismus vom Überleben zur Schöpfung überging. In einen neuen Lebensmodus.

Quarten Übergang oder positive Mutation der Menschheit

Tatsächlich lernen wir jetzt, wie wir leben können. Zu leben, indem wir uns unserer selbst im täglichen Leben bewusst sind.

Und es stellt sich heraus, dass wir alle mit Licht denken. So seltsam das auch für uns klingen mag. Es wird hier noch viele weitere Begriffe und Wörter geben, die nicht zu unserer gewohnten Wahrnehmung passen. Wir denken mit Licht und können aus eigener Kraft leuchten. Und es ist keine Aura. Wir können Laserkanonen sein. Du weißt, dass ein Wort töten kann. Ein Gedanke kann auch töten. Und das ist jetzt möglich. Es ist kein Fluch oder ein böser Blick oder etwas anderes.

Der Mensch dachte, wünschte, vielleicht zu sich selbst, und was er sich wünschte, wurde zu einem strukturellen Bündel geformt, das an die Adresse geschickt wurde. Und dann hängt es davon ab, ob der Empfänger das Paket annimmt oder nicht. Kann sagen: „Geh zurück zum

Autor". Und „es" wird zu demjenigen zurückgehen, der es erzeugt hat. Es zeigt sich also, dass wir unsere Realität mit unseren Sinnen erschaffen. Denn für das Gehirn macht es keinen Unterschied, ob das Ereignis eingebildet oder real ist. Die Bilder, die wir in unserem Kopf zeichnen, setzt es in die Tat um. Behalten Sie das im Hinterkopf, nur für den Fall.

Die meisten Menschen leben in Gedanken entweder in der Vergangenheit oder in der Zukunft. Und meistens ist die Zukunft eine projizierte, schlechte Vergangenheit. Jetzt existiert sie aber nicht mehr. Und wenn für das Gehirn alle negativen Ereignisse in der Vergangenheit und in der Zukunft real sind, dann ist es das lokale Ende der Welt. Dann beginnt der Rückzug des Körpers. Die Immunität sinkt, Tuberkulose tritt auf.

Hat sich schon einmal jemand von Ihnen gefragt, woher der KOCHscher Bazillus kommt? Wer sind seine Eltern?

Und es ist der Mensch selbst, der ihn verursacht. Wenn unser Lebenswille am Nullpunkt angelangt ist und es uns schlecht geht, kommt es zu genetischen Mutationen in bestimmten Schimmelpilzen, die in unserem Blut sind. Schimmel ist nicht immer etwas Schlechtes. Die Mutation führt zum KOCHscher Bazillus und die Tuberkulose entsteht. Sie können dabei bei der letzten Linie aufhören. Sagen Sie sich, dass dies ein Scherz ist und ich weitergehen möchte. Ihr Gehirn wird Ihre Entscheidung überprüfen und wenn es sie bestätigt, werden die Prozesse in die entgegengesetzte Richtung laufen. Der KOCHscher Bazillus wird sich auflösen und in völlig harmlose chemische Verbindungen zurückverwandeln. So funktioniert die Physiologie des Denkens und Fühlens.

Quarten Übergang oder positive Mutation der Menschheit

Das neue Gehirn

Das gesamte menschliche Gehirn ist umgeschrieben worden. Der Hypothalamus, die Hypophyse und andere Teile des menschlichen Gehirns verwenden nicht mehr die alte Biochemie. Ein Zentrosom Befehl beginnt, durch das Gehirn zu gehen. In der Tat sind dies Befehle aus dem Höheren Göttlichen Licht. Für Menschen mit einem dreidimensionalen Verstand scheint dies göttlich zu sein, da das Gehirn viele erstaunliche Wunder in sich birgt. Dieses Licht regeneriert die Gewebe des menschlichen Körpers und der Körper selbst wird von alten Krankheiten befreit.

Der menschliche Körper reagiert überhaupt nicht auf den Übergang der Energieversorgung von den Mitochondrien zum Zentrosom. Wir spüren es einfach nicht. Aber dieser Prozess kann unterstützt werden. Und es wird die beste Meditation sein, die man heute machen kann.

Sie haben vielleicht schon gehört, dass es verschiedene Gehirnrhythmen gibt - Alpha, Beta, Gamma, Delta. Und heutzutage ist der vorherrschende Rhythmus „plötzlich" der Gamma-Rhythmus geworden.

Das Gehirn hat begonnen, in einem Gamma-Rhythmus zu arbeiten und zieht ihn allem anderen vor. Sie lesen zum Beispiel ein interessantes Buch, stricken oder zeichnen. Sie sind in etwas vertieft, das Sie interessiert. Sie sind so vertieft, dass Sie nicht bemerken, was um Sie herum geschieht. Die Zeit hört für dich auf zu existieren, der Körper wird nicht gespürt. Diesen Zustand nennt man Einsicht, Inspiration, Intuition. Und es ist das Bewusstsein des Selbst im täglichen Leben. Es ist wiederum eine Verbindung mit dem Zentrosom und mit eben jenen Pulsaren des Herzens - den

Kardiopulsaren. Und das alles fügt sich zu einem sehr interessanten System zusammen. Was früher geschlossen war, hat sich geöffnet und sich zu etwas völlig Neuem zusammengefügt.

Der Magnetismus der Erde wird immer schwächer. Die Ozonlöcher haben damit überhaupt nichts zu tun. Die Erde ist dabei, ihre Schwingungen zu erhöhen. Auch die Physiologie zielt darauf ab, ihre Schwingungen zu erhöhen, um den Menschen und die Menschheit zu lehren, in Kreativität und Schöpfung zu leben.

Wir haben bereits im Überleben gelebt. Jetzt lernen wir, bewusst in Kreativität und Schöpfung zu leben. Für diejenigen, die daran gewöhnt sind, ein Jammerlappen zu sein, ein Opfer und in Negativität gebadet - dies sind unerträgliche Zeiten. Sie können sich nicht umstellen? Ihr seid eingeladen, durch die Krankheiten des Immunsystems herauszukommen.

Quarten Übergang oder positive Mutation der Menschheit

Sie können nur dann am besten kreativ sein, wenn das Magnetfeld schwach ist. Das Gehirn und „Gamma" sind Rhythmen, Pulsare... und Ihre Kreativität kann sich zufällig und spontan manifestieren. Ihr wisst nicht einmal, welche Gaben ihr in euch tragt! Du hast das nur noch nicht berührt. Viele Leute sagen: „Ja, nun, ich bin in meinem Alter, und du erzählst mir Geschichten." Aber es liegt nicht an mir, es liegt an der Physiologie, es liegt an der Höheren Intelligenz. Er ist derjenige, der alles begonnen hat. Das Alter ist nur eine Ausrede. Denn du hast dich entschieden, jetzt zu leben!

http://www.lomonosov.org/medicine/medicine386.html

http://sanatiss.narod.ru/index/0-24

Alte Pakete von Neuronen, die für gedankenloses Tun verantwortlich sind, werden im Gehirn aufgelöst. Die Tiefe des Gedächtnisses wird durch spontanes

Vergessen und schnelle Wiederherstellung geklärt. Für die bewusste Wahrnehmung der neuen Welt.

Die Steuerung des Herzrhythmus wird vom Sympathikus auf den Vagusnerv übertragen, d. h. nicht vom Hypothalamus, sondern von der Medulla oblongata.

Im August 2014 wurde in Brisbane, Australien, eine Entdeckung gemacht: Es wurde ein Bereich des Gehirns entdeckt, der nicht altert und vom Säuglingsalter bis zu seinem Tod voller Vitalität bleibt. Es ist ein Tor zur natürlichen Unsterblichkeit. Zumindest eine sehr große Langlebigkeit. Vor allem aber ist es die Orientierung in der multidimensionalen Welt, in der wir seit 2013 leben. Aber wir begannen, dies im Jahr 2014 zu erkennen, als die Veränderung der Physiologie begann.

Die Blauzungenneuronen des Gehirns und die Unsterblichkeitszone stehen in einer Blutbeziehung. Für den

Menschen bedeutet dies eine bewusste, aktive, subtile Kommunikation und ein stabiles, ausgeglichenes Verhalten im Alltag. Dort „wohnen" alle möglichen kleinen Dinge. Die Farbe Blau stimuliert das Gehirn. Manchmal ist dieser Effekt von Farbe und gesteigerter Leistung ähnlich wie der einer Tasse Kaffee.

Das flüssige Feld des Magnetars, „Ätherflüssigkeit", stellt die magnetische Wahrnehmung des Menschen wieder her und weckt die Aktivität der Unsterblichkeitszone. Infolgedessen wird das Energiesystem des menschlichen Körpers radikal verändert.

Der Chirurg Vojno-Jasenetsky, auch bekannt als Erzbischof Luka, Träger von zwei Staatspreisen der UdSSR, verglich das Gehirn mit einer Telefonzentrale: Die Rolle des Gehirns beschränkt sich auf die Übermittlung einer Nachricht. Es fügt dem, was es empfängt, nichts hinzu.

Das Gehirn ist ein riesiger Hauptbahnhof, durch den das Bewusstsein läuft. Das Quantenbewusstsein wird offiziell lächerlich gemacht. In der geschlossenen Welt ist dieser Ansatz als mystischer Unsinn weit verbreitet. Aber niemand hat sie jemals schlüssig widerlegen können. ... Und anstelle des Wortes „Teufelswerk" ist das Wort „Gottheit" angemessener. Es ist zutreffender.

Das berühmteste Quanten-Rätsel besteht darin, dass sich das Ergebnis eines Quantenexperiments, im Prinzip jedes Experiments, ändert, je nachdem, ob wir uns entscheiden, die Eigenschaften der beteiligten Elemente zu messen oder nicht.

Die Neuronen in unserem Gehirn sind selbst einzelne Zellen. Und jedes Neuron hat sein eigenes Zytoskelett! In gewissem Sinne hat jedes einzelne Neuron, sein eigenes persönliches Nervensystem.

Es wurden Ähnlichkeiten zwischen den Strahlungen der Milchstraßengalaxie und dem menschlichen Gehirn entdeckt. Dies sind die Magnetare des Bewusstseins: Astrophysik + Neurophysiologie. Und das Gehirn ist eine riesige zentrale Station, durch den die Energie des Bewusstseins fließt.

Eine weitere Nuance. Man hält seine Aufmerksamkeit auf etwas gerichtet, egal ob es schlecht oder gut ist, und macht eine Art gefühlte Erfahrung. Niemand hat uns zuvor gelehrt, dass man seine Energie zurücknehmen kann. Sie haben irgendwo Energie investiert, eine Erfahrung in Form eines Gefühls gemacht, und die Energie bleibt „besitzerlos". Aber sie ist nicht „besitzerlos". Sie ist wie eine persönliche Waffe. Auf ihr stehen Ihre Koordinaten und Sie können sie jederzeit zurücknehmen.

Sie könnten zum Beispiel sagen: „Energie, komm zu mir, falls es nötig ist".

Warum fügen Sie die Worte „falls es nötig ist" hinzu? Weil man von oben besser sehen kann. In den meisten Fällen kommt die Energie zurück. Und das kannst du tun, indem du deine göttliche Essenz anerkennst. Und dann wird die Praxis, den Zuschauer auszubalancieren, zu einer Technik der Sicherheit im Umgang mit anderen.

Mehr als 12 Dimensionen sind im Atom entdeckt worden.

(http://onua.org/hitech/6332-uchenye-sfotografirovali-ten-atoma)

Und nun? Und es stellt sich heraus, dass das Gehirn auch in 12 Dimensionen „regiert". Das heißt, wir haben mindestens 12 Realitäten. Weiter geht die Multidimensionalität. Und die Kreativität geht ins Unendliche. Und das ist fotografiert worden.

Auch der Schatten eines Atoms wurde fotografiert. Es ist unglaublich, dass ein Atom, es ist eine unbegreifliche Energiesubstanz, einen Schatten wirft! Und dies ist nur ein weiterer Beweis für die psychische Energie des Menschen, ein subtiles Phantom, das im Raum gehalten wird. Ein Beweis dafür, dass menschliche Gefühle Ereignisse schaffen. Das heißt, ephemere Dinge, wie man sie früher dachte, werden heute von der Wissenschaft ganz realistisch bestätigt.

Die Kombination von Chemie und Magnetismus bringt Wunder der Materialisierung im Körper hervor. Denken Sie daran, dass ich über Physiologie spreche! Die Chemie wird von den Sinnen geschaffen - wie ihr denkt, welcher Gedanke sich mehr manifestiert, das wird die Biochemie schaffen.

Oder auf der Ebene der Angst - dann geht es um das alte Überleben. Oder auf der Ebene der Kreativität. Jetzt haben Sie ein gewisses Verständnis für sich selbst.

Wenn man tiefer geht, wird die Tür zum Göttlichen geöffnet oder der Geist berührt. Dort sind die Möglichkeiten grenzenlos. Es geht um die innere Ethik des Menschen, sein Herz, sein Gehirn und wird stellare oder innere ethische Navigation genannt.

Für diese Entdeckung haben schwedische Wissenschaftler den Nobelpreis erhalten. Sie haben den Sternenhimmel in uns entdeckt. Das Pulsieren der Neuronen, das Pulsieren des Universums, das Pulsieren großer galaktischer Objekte, schwarzer Löcher - sie alle folgen demselben Rhythmus des Herzens. Nur eine Berührung mit dem Geist.

Als Nächstes kommt das göttliche Territorium.

Es gibt vieles, was über das Gehirn entdeckt wurden, und radikale Veränderungen bedeuten nicht nur einen „materiellen Hintergrund". Auf einer tieferen Ebene handelt es sich um eine Veränderung des Bewusstseins, der Weltanschauung. Eine neue evolutionäre Wende.

Das neue Gehirn verleiht Ihnen eine neue Fähigkeit zur bewussten Reflexion. Wenn das bewusste Bewusstsein zu arbeiten beginnt - und zwar bewusst! - werden andere Teile des Gehirns angeschaltet. Übrigens ist die bekannte Einteilung des Gehirns in Bereiche mit spezifischen Funktionen nicht mehr gültig. Die Wissenschaftler sind zunehmend schockiert über das Verhalten des Gehirns, das sich buchstäblich vor ihren Augen verändert. Sehen Sie, das Gehirn von jemandem, der manipuliert wird, und das Gehirn von jemandem, der selbständig denkt und sich selbst nüchtern beurteilt, sind völlig unterschiedlich. Bewusstes Verhalten verändert ALLE Körperreaktionen. Betrachten wir als Beispiel nur einen Bereich, der vielleicht einer der wichtigsten im Gehirn ist - den präfrontalen Kortex.

Der präfrontale Kortex ist der Bereich des Gehirns hinter dem Stirnbein. Ein Bereich voller Rätsel. Er ist unter anderem der Ort des abstrakten Denkens. Die bewusste Koordination von Gedanken und Handlungen. Dieses Gehirn begann nach dem Beginn des Quantenübergangs dramatisch zu wachsen. Früher nahm sie nur während der Pubertät zu. Jetzt verändert sie sich und fügt neue Erfahrungen hinzu, sowohl beim klinischen Tod als auch bei tiefgreifenden Einleitungen, welche sind die kritischen Lebenssituationen, die eine radikale Revision der etablierten Lebenswerten erfordern.

Um sich selbst im wörtlichen und übertragenen Sinne zu betrachten, muss man ein Bewusstsein haben, das frei von aufgezwungenen Verhaltensmustern ist. Die Natur - Gott, der Schöpfer hilft dabei, indem die neuronalen Bindungen entmaterialisiert werden. An diesem Punkt kommt es zu einem kurzen Gedächtnisverlust, buchstäblich für ein paar Sekunden. Dann wird das Gedächtnis wiederhergestellt und unnötige Muster werden aus der Großhirnrinde gelöscht. Dies ist nicht auf eine Krankheit zurückzuführen.

Vor dem Übergang wurde das Gehirn unter anderem vom kleinen orbitalen Kortex dominiert. Er war für die Belohnung zuständig. Man nannte es auch das „soziale Gehirn", um so zu sein wie alle anderen. Heute ist es von Natur aus praktisch ausgeschaltet, was bedeutet, dass man sich auf eine außergewöhnlich unabhängige, bewusste Denkweise begibt.

Wenn der präfrontale Kortex aktiv ist, entwickelt sich allmählich die Tiefe der Intuition, die zu einem neuen Gefühl wird, wenn eine Situation gleichzeitig von allen Seiten betrachtet wird. Das Denken wird dreidimensional, multidimensional. Gedanken im Kreis laufen zu lassen wird unmöglich und das Bewusstsein wird wunderbar leer und leicht.

Der Sternenhimmel im Gehirn

Diese Entdeckung ist, ich scheue mich nicht vor dem Wort, absolut mystisch. Das neuronale Netzwerk im Gehirn ähnelt einem Sternenhimmel. Neurophysiologen haben einmal eine Operation durchgeführt und „zufällig" gesehen, wie ein Teil des neuronalen Netzes vor ihren Augen zu verschwinden oder zu zerfließen begann.

Das Wort „zufällig" ist jetzt sehr passend. Sie müssen erkennen, dass nichts zufällig ist. Aber manchmal ist es einfacher, es auf diese Weise zu erklären. Das heißt, es gab kein solches Ziel, keine Suche nach Ausrüstung oder Drogen. Aber die ganze Aktion wurde aus bestimmten Gründen gefilmt.

Dann tauchte der „vermisste" Neuronen Knoten wieder auf, aber in anderen Verbindungen. Er war bereits ein anderer Nervenknoten. Denken Sie daran, dass jeder Akupunkturpunkt (siehe „Neue Akupunktur") ein anderer Nervenknoten ist. Dies war in der Tat die Geburt eines neu gebildeten Nervenknotens.

Es ist auch erwiesen und demonstriert worden, dass das neuronale Netz durch alle Gewohnheiten, die seit der Kindheit bestehen, geformt wird. Das heißt, unser neuronales Netz besteht zu 99 % aus einer Art Gewohnheit. Ich spreche nicht von der Biochemie des Körpers, die wir nicht berühren, die sich aufgrund ihres angeborenen intelligenten zellulären Aspekts selbst reguliert. Wir denken zum Beispiel nicht an den Pulsschlag des Herzens und die Füllung der Vorhöfe. Das geschieht von selbst. Aber der größte Teil des neuronalen Netzes besteht aus Gewohnheiten. Das heißt, eine Handlung wurde so oft ausgeführt, dass sie sich schließlich festsetzt und das neuronale

Netz sich materialisiert. Wie ein Reflex bei Pawlows Hund.

Jetzt koppeln sich die meisten dieser Neuronen ab und hören auf zu existieren. Sagen wir, es ist wieder ein planetarischer Moment. Es kommt eine höhere Intelligenz. Das meiste, was uns im Weg steht, hört auf, im neuronalen Netz zu existieren, und es bildet sich etwas Neues.

Wie zeigt es sich im Leben? Es handelt sich um einen kurzfristigen Gedächtnisverlust, der höchstens ein bis zwei Minuten andauert. Wenn man nichts mehr weiß und sich an nichts mehr erinnern kann. Man weiß nicht mehr, wie man die Frage „Wer bin ich, bring mich nach Hause" stellen soll - denn sie ist ausgelöscht. Aber nach ein oder zwei Minuten kommt die Erinnerung zurück. Das ist keine Krankheit. So entfaltet sich die neue Physiologie. Es wurde als ein Phänomen mit neuronalen Knotenpunkten, ihrer Dekonsolidierung,

erkannt und identifiziert. Parallel dazu gab
es massenhaft Berichte von Menschen, die
plötzlich ihr Kurzzeitgedächtnis verloren
hatten. Diese Menschen wurden
eingeladen und untersucht, und die
Ergebnisse waren die gleichen.

Was ist bei all dem wichtig zu
verstehen? Das Wichtigste ist die Richtung
deiner Aufmerksamkeit, wohin du schaust.
Wohin deine innere Aufmerksamkeit
gerichtet ist, dorthin geht deine Energie.

Übrigens, das Atom besteht zu
99,99999% aus Energie und nur zu
0,00001% aus Materie. Wir sind nicht
einmal eine Leere. Wir sind Klumpen von
Energie, Plasmoide. Wir sind Kugelblitze.
Und dementsprechend ist das, was
hervorgehoben wird, wohin diese Energie
der Aufmerksamkeit gerichtet ist. Es ist
wichtig zu verstehen, dass
Aufmerksamkeit, Energie, unsere neuen
Werkzeuge sind, um unsere eigene
Realität zu erschaffen.

Früher, in einem geschlossenen System, in der Grundenergie der Angst, waren wir nicht gezwungen, im vollen Bewusstsein der Wahrheit zu leben oder zu wissen, dass unsere Gedanken eine so enorme Macht haben, dass sie buchstäblich die Realität erschaffen. Und es wurde ausgenutzt. Von wem auch immer. Jetzt nicht mehr. Es spielt keine Rolle mehr, denn der Planet dekomprimiert sich, die Schumann-Frequenz steigt.

Und die Formel für Schöpfung oder Materialisierung - was auch immer Sie bevorzugen - ist ein klares Ziel plus positive Gefühle. Und das gewünschte Ereignis findet sich von selbst. Wie man so schön sagt - nachdenken und weggehen. Vergessen Sie es. Stehen Sie dem Universum nicht im Weg, wenn es Ihre Wünsche erfüllt. Das ist die Magie des Alltags, wenn Ihre Wünsche durch diese Göttliche Energie, ein kleineres Wort kann ich hier nicht verwenden, materialisiert werden.

Das Wesen der Materie ist Energie. Und dieses Wesen ist empfänglich für den Einfluss des Geistes. Man kann also mit ihm reden. Die Physiker nennen den Quanten-Dialogen. Entsprechend ist auf der anderen Seite die gleiche Aussage. Bewusstheit ist Energie. Und Energie hat Bewusstsein. Alles ist intelligent. Du kannst mit der Materie kommunizieren und genau das aushandeln, was du brauchst.

Viele Menschen sagen, wenn „ich positiv denke", dann ist es geschafft und alles ist gut. Aber das ist nicht genug. Der Körper lebt nach seinen alten Regeln. Und er muss befriedigt werden, und das hat nichts mit positivem Denken zu tun. Wenn Sie etwas für sich selbst tun wollen, muss man der Sache auf den Grund gehen.

Sie können jede Emotion mit einem Gedanken auslösen. Der Körper reagiert auf Emotionen mit einer bestimmten Chemie. Es gibt Chemie, es gibt Emotionen, und alles ist miteinander verknüpft. Neuronale Netze und Gewohnheiten sind ein und dasselbe. Ihre Biochemie ist dementsprechend geschrieben.

Worauf ich noch eingehen möchte. Dr. Joe Dispenza hat viele Entdeckungen gemacht. Da er gleichzeitig Wissenschaftler, Arzt, Schriftsteller und ein bisschen Kind ist, hat er erklärt, wie man mit dem Körper kommuniziert, damit seine alte Biochemie nicht mehr im Weg steht.

Ich empfehle es nur, überzeugen Sie sich selbst. Der Titel des Buches lautet „Die Macht des Unterbewusstseins oder wie Sie Ihr Leben in vier Wochen ändern können." Das Buch ist eine Sammlung all der Entdeckungen, die in diesem Buch zu besprechen unrealistisch ist. Sie alle haben mit Akupunktur zu tun, mit dem

Verhalten des Gehirns, damit, wie der Körper versucht, uns einige alte Verhaltensmatrizen, Algorithmen aufzuzwingen. Und wir sind gezwungen, ihnen zu gehorchen. In einem geschlossenen System hat uns das gerettet, aber jetzt, wo wir selbst auf die Ebene der Schöpfung und der Kreativität gelangen, wenn sich das Gehirn, die roten Blutkörperchen, das Herz und alles andere verändert, behindert es uns.

Wenn ein Reflex aufgebaut wurde, aber nicht aufrechterhalten wird, wird er verschwinden. Unsere Aufgabe ist es also nicht, die alten Reflexe aufrechtzuerhalten. Man kann sie nicht bekämpfen, es ist sinnlos. Aber es gibt sehr einfache Möglichkeiten, sie loszuwerden. Sie müssen überwacht werden. Wie man denkt, wohin man seine Aufmerksamkeit lenkt (dorthin fließt die Energie) und was man tun muss, damit etwas Neues entsteht. Dies ist eigentlich eine

Gebrauchsanweisung, wie man die Biochemie der Freude entdeckt.

Wir hatten eine Biochemie der Angst. Jetzt gibt es eine Übergangszeit. Man könnte sagen, dass es auf dem Planeten jetzt 50% des einen und 50% des anderen gibt. Aber wenn Sie sich ein Minimum an Mühe geben wollen, werden wir eine Biochemie der Freude haben, nicht 50 %, sondern zum Beispiel 80 %. Und dann setzt sich der natürliche Prozess in Gang, wenn das Größere das Kleinere unterdrückt. Das Gute an diesem Buch ist, dass es in einfacher „Haussprache" geschrieben ist und auf den neuesten wissenschaftlichen Erkenntnissen beruht. Von Anfang bis Ende nur Algorithmen.

Ich werde Ihnen nun von einer unglaublichen Entdeckung berichten. In der Tat hat sich ein neues göttliches Instrument manifestiert.

Die beobachtete Neuheit in den ständigen Veränderungen des

Akupunkturnetzes ist die Fähigkeit des Menschen, mit einem sakralen Teil seiner selbst zu arbeiten.

Viele Forscher beginnen bereits, von der Multidimensionalität der Welten im Allgemeinen und der Multidimensionalität des Menschen im Besonderen zu sprechen.

http://tainy.net/49350-drugie-miry-fizicheskij-aspekt.html)

Es ist angebracht, ein kurzes Update zu einer neueren Errungenschaft von Wissenschaftlern zu geben, die das menschliche Gehirn untersuchen. Datum der Veröffentlichung 13. Juni 2017. Neurobiologen des Blue Brain Project (Schweiz) haben mit mathematischen Methoden die Architektur unseres Gehirns auf eine völlig neue Weise beschrieben. Und sie entdeckten, dass es aus mehrdimensionalen geometrischen Formen besteht, die bis zu 11 Dimensionen erreichen.

„Wir haben eine Welt entdeckt, von der wir nicht einmal wussten, dass sie existiert", sagt Henry Markram, Leiter des Projekts. „Selbst in einem kleinen Teil des Gehirns gibt es zig Millionen solcher Objekte, die bis zu sieben Dimensionen haben. Und in einigen Netzwerken waren es sogar 11". Im menschlichen Gehirn gibt es etwa 86 Billionen Neuronen, und die Verbindungen zwischen ihnen erstrecken sich in alle möglichen Richtungen und bilden ein multidimensionales Netzwerk. Diese Entdeckung liefert neue Erkenntnisse darüber, wie das Gehirn Informationen verarbeitet.

Aber ich frage mich trotzdem, was entdeckt wurde?

Aus der Perspektive des göttlichen Geistes betrachteten die Wissenschaftler das Gehirn als eine riesige zentrale Station, durch die die Energie des Bewusstseins fließt. Eine neue Energie ist angekommen und eine Rekalibrierung beginnt, die gerade jetzt stattfindet. Und das bedeutet eine Veränderung in der Akashi-Kommunikation, als Folge davon, dass die Menschheit beginnt, ihre Schwingungen zu erhöhen.

Es muss anerkannt werden, dass ein großer Teil der Menschheit über Filter verfügt, die verhindern, dass neues geistiges Gedankengut durchbricht. Sie sind durch die Überzeugungen eines bestimmten Glaubens gefangen und aus diesem Grund nicht auf die entsprechende Welle eingestimmt und können die Sendung nicht annehmen, obwohl die DNA ihnen die neuen Informationen weiterleitet. Der Wandel steht dem Einzelnen jedoch zur Verfügung, auch wenn er überhaupt nichts akzeptiert, denn die Physiologie hat mit dem Wandel begonnen, unabhängig vom Wissen oder Unwissen des Einzelnen.

Die neuen Akashi-Treiber sind ein Handeln in Mitgefühl, Liebe und Vollendung der Sache.

Dieser Prozess wird es Akashi ermöglichen, mit dem Gehirn und dem angeborenen Körper zu kommunizieren und ihnen höhere Konzepte wie Mitgefühl zu vermitteln. Ärzte, die oft mit dem Tod und den Sterbenden zu tun haben, erzählen verblüffende Geschichten darüber, wie Menschen von ihrem Sterbebett auferstehen können, wenn einer von ihnen beschließt, dass er es wert ist, hier zu sein.

Es ist eine spontane Remission, eine plötzliche Erholung. Dies ist genau die Richtung, in die sich Menschen verändern.

Sie können anfangen, die Kontrolle über Ihr Leben zu übernehmen! Die Zeit der Schöpfung ist gekommen! Und je mehr man erwacht, desto länger wird man leben. Bewusstheit mit bewusstem mitfühlendem Denken verlängert das Leben. In einem Zustand der Ruhe und Entspannung werden die Beziehungen zu anderen Menschen ganz anders gestaltet. All dies drängt den Menschen in ein völlig anderes Daseinsbewusstsein.

Was lernen wir zu besitzen? Wir lernen, Frieden zu sehen, wo es keinen offensichtlichen Grund für Frieden gibt. Wir lernen, Frieden zu empfinden, wo es keinen Grund für Frieden gibt. Wir lernen, Schönheit und Spiritualität zu sehen, die für diejenigen nicht sichtbar ist, die nur dem vertrauen, was ihre Augen sehen können. Es ist die Liebe Gottes, die im Leben sichtbar wird und die völlige Abwesenheit von Lüge, Qualen und Angst.

Die Welt, die in einen neuen Zustand der Offenheit eintritt, entfaltet sich in dieser „Leere" wie die Flügel eines Schmetterlings, der sich aus seinem Kokon befreit. Je offener man wird, desto mehr entfaltet sich die eigene Kreativität. Je mehr ein Mensch Gott in sich hat und sich seiner göttlichen Tiefe bewusst ist, desto weniger braucht er von außen und desto weniger können ihm andere Menschen geben.

Man lernt, sich selbst als Teil der Welt zu verstehen, der Welt, die man beobachten will. Und übernimmt die Verantwortung für seine eigenen Beobachtungen.

Der Unterschied zwischen Geist und Gehirn.

Das Gehirn ist das universelle Archiv, die göttliche Matrix, der Ort, an dem Informationen verarbeitet werden. Es bleibt unverändert seit dem Beginn der ersten Inkarnation. Aber es ist keine graue Substanz. Der Geist ist das Gehirn + hochgradig ätherische Sinnesorgane. Er ist eine Verbindung zum Kosmos.

WIR SUCHEN GOTT UND FINDEN UNS SELBST.

Quarten Übergang oder positive Mutation der Menschheit

WIR SUCHEN UNS SELBST UND WIR FINDEN GOTT.

Quarten Übergang oder positive Mutation der Menschheit

Das lymphatische System im Gehirn

Lange Zeit, mindestens ein Jahrzehnt, wenn nicht länger, dachten die Ärzte, dass das Gehirn isoliert sei, auf sich allein gestellt ist und der Rest des Körpers auf sich allein gestellt ist. Weil sie keine Verbindung zwischen dem Gehirn und anderen Körpersystemen gefunden haben. Im Jahr 2016 wurde diese Verbindung gefunden. Jetzt müssen wir die medizinischen Atlasse neu schreiben.

Ein weiteres lymphatisches System ist aufgetaucht. Warum ist es nicht schon früher aufgetaucht? Es ist möglich, dass es vorher nicht da war. Es bestand keine Notwendigkeit dafür. Der Überlebensmodus erforderte nicht genau den Gamma-Rhythmus, mit dem es arbeitet. Wir leben zwar noch nicht vollständig im Gamma-Rhythmus, aber er beginnt bereits zu leben und die

Biochemie hat bereits begonnen, sich zu verändern. Und jetzt beginnt das bisher verborgene lymphatische System in den Menschen zu sein, die ihr Lebensbewusstsein entdecken.

http://neznal.ru/20110131_glaza-vidyat-mir-vverx-nogami

Das neue Herz

Unser Herz hat ein eigenes Gehirn.
https://themindfulbeauty.com/nauka-serdce-imeet-intellekt/

Das Herz ist viel mehr als ein Energiezentrum für Emotionen und geistige Gesundheit. Das Herz wirkt wie ein zweiter Verstand mit einem eigenen Bewusstsein, das völlig unabhängig vom Gehirn ist. Das Herz ist in der Lage, das irdische Gehirn zu lenken und tut dies auch, wenn es geöffnet ist.

Außerdem ist das Herz die Kommandozentrale unseres Bewusstseins. Der Puls des Herzens ist in der Lage, sich in den Gehirnströmen der Menschen um uns herum zu spiegeln. Ein vernünftiges Herz ist die stärkste Waffe gegen Stresssituationen. Mit dem richtigen Herzrhythmus wirkt das Gehirn dem Stress entgegen, indem es den Körperorganen die nötigen Impulse gibt, um das innere Gleichgewicht zu bewahren.

Das Herz hat das stärkste Energiefeld im ganzen Körper. Es erzeugt eine Spannung, die eine Glühbirne zum Leuchten bringen kann. Und diese starke Energie zirkuliert im ganzen Körper.

Die größte Gefahr für das Herz sind Stresssituationen, schwere Gedanken und Gefühle. Dies sind die Szenarien für Herzinfarkt und Schlaganfall. Die Fähigkeit des Herzens, für sich selbst zu denken, ist ebenfalls erwiesen. Daher ist der Satz „das Herz öffnen" keine Metapher mehr.

Ich möchte Sie daran erinnern, wie heilig das Herz ist. Neben dem Herzen befindet sich das Knotengeflecht des Sternknotens, der für die Durchblutung des Gehirns und der Thymusdrüse (auch „Sitz der Seele" genannt) verantwortlich ist. Das mittlere Zentrum wurde in alten Traditionen als „Silberlotus" bezeichnet.

Die Mitte des Herzens wird seit jeher als „Schale" bezeichnet. Herzchirurgen kennen diese Stelle übrigens gut - sie wissen, dass diese winzige Stelle unter keinen Umständen mit einem Skalpell berührt werden darf. Andernfalls ist eine Reanimation im Prinzip unmöglich.

Dies ist der Fokus, durch den sich das Höhere Selbst im physischen Körper manifestiert. Die Bildung der Individualität findet statt. Spirituelle Akkumulation von Inkarnationen. Die Synthese der spirituellen Erfahrung wird gespeichert. Der Behälter für alle Leben, irdische und kosmische. Auf der Ebene der Intuition beeinflusst es die Wahl der Position in kritischen Lebensabschnitten. Der Mittelpunkt aller Ausstrahlungen ist die „himmlische Achse".

Sie ist eine Quelle der Inspiration und Kreativität. Der Mensch, der das Zentrum der Schale entdeckt hat, wird zu einem wahren Mitarbeiter am kosmischen

Aufbau, zu einem Teilnehmer am Leben des gesamten intelligenten Kosmos, zu einem universellen Bürger.

„In der Schale liegt ein geflügeltes Kind" - erinnert die alte Weisheit an den Beginn des Bewusstseins.

Das offene Zentrum des Herzens gibt höhere Weisheit und Sinneswissen. Weiterhin Geist-Erkenntnis. Direkte Verbindung mit den Höheren Welten im täglichen Leben als Verbindung der Bewusstheit.

Warum kann das Herz geschlossen sein?

Das Herz ist wegen eines Mangels an Energie verschlossen. Wenn ein Mensch, dessen Herz verwundet wurde, unbewusst die Liebe verweigert. Dann wird die erwiesene Liebe bedingt. Kälte und Distanzierung, Angst vor tiefen Beziehungen, erzwungene Einsamkeit treten auf. Es kommt auch zu Verurteilung und Kritik an anderen. Dies führt zu Intoleranz, Selbstverachtung und Depression.

Das Herz kann auch durch ein Übermaß an Energie verschlossen werden. Es handelt sich nicht um ein Übermaß an echter Liebe, sondern um einen Missbrauch der Liebe um eigene Selbstbefriedigung. Es handelt sich um eine Propaganda der Liebe, eine Erstickung mit der Liebe, eine Aufdringlichkeit. Das Wort „Liebe" auszusprechen und Liebe zu empfinden, sind völlig unterschiedliche Zustände.

Seit dem Jahr 2000 wird das Phänomen der Öffnung des Herzens immer häufiger beobachtet. Zunächst begannen die israelischen Kliniken (Caesarea) und das Institut für Herzmathematik mit der Untersuchung. Wie bereits erwähnt, hat das Herz einen Verstand. Es gibt das Herzhirn, das Bauchhirn und das Kopfhirn. Im kreativen

Modus arbeiten alle drei harmonisch zusammen und sind miteinander verbunden. Das Herz hat begonnen, sich zu öffnen, zu leuchten, wie ein Zentrosom. Dies ist eine Entdeckung der Kardiologen. Es dauerte lange, bis es erkannt wurde, was der Vorläufer des pulsierenden Lichts war. Die gesamte planetarische Menschheit ist im Begriff, eine Zivilisation zu werden, die auf den Prinzipien des offenen Herzens beruht. Und dies beginnt bereits zu geschehen. http://soznanie.info/st_drunv1.html

Im Inneren des Herzens gibt es einen heiligen Raum, dessen Existenz bisher geheim gehalten wurde. In der Vergangenheit wurde kaum etwas über ihn geschrieben. Dieses Wissen wurde nur mündlich weitergegeben. Jetzt ist die Zeit gekommen, wenn die Lehrer auf der ganzen Welt zu erkennen beginnen, dass das menschliche Herz der Schlüssel ist. Wenn der Geist eines Menschen den Kopf verlässt, die Zirbeldrüse (Epiphyse) des

Gehirns verlässt und ins Herz wandert, werden alle Möglichkeiten verändert. Wir müssen aus dem Herzen leben. Dann werden wir alle zu einem Wesen und können alle Probleme lösen.

Wenn wir im Verstand zentriert sind, gibt es nur Dualität - Gut und Böse, Licht und Dunkelheit. Dann ist es sehr schwierig für uns, aus diesem Teufelskreis herauszukommen, weil wir alle nach dem Verstand urteilen. Aber das Herz urteilt nicht. Es weiß einfach, welcher Weg der richtige ist. Das ist die Verbindung der modernen fortgeschrittenen Wissenschaft mit der wahren Esoterik.

Darüber hinaus hat der wahre Forscher die Pflicht, sowohl die Lehren des Okkultismus, insbesondere der Metaphysik oder der Mystik, als auch das, was heute auf dem Planeten geschieht, zu kennen - den gesamten wissenschaftlichen Plan. Vorzugsweise so viel wie möglich.

Ohne die Fähigkeit, Informationen zu erkennen, lohnt es sich nicht einmal, sich daran zu nähern. Ein grundlegendes Gleichgewicht ist ebenfalls erforderlich. Ständiger Kontakt nicht nur mit Ihrem Höheren Selbst, sondern auch mit dem Höheren Göttlichen Plan. Die Anforderungen sind, wie Sie verstehen, extrem hoch und streng. Und als Ergebnis findet man Perlen.

Ich muss hinzufügen, dass sich die feinstoffliche Physiologie seit 2013 verändert hat. Die Herz Chakren sind vereinigt, um ihren lokalen Magnetismus auszurichten. Man lebt noch nicht im Herzen, aber der Übergang ins Herz ist schon viel einfacher. Die energetische Dualität beginnt, den Körper zu verlassen.

Im Herzen sieht alles absolut perfekt, vollständig und vollkommen aus. Dies führt uns zu dem, was kosmische DNA oder kosmisches offenes Bewusstsein genannt wird.

Ein wichtiger Punkt. All die innere Arbeit, in die die meisten Menschen so tief verstrickt sind, ist an sich noch kein spiritueller Weg. Es ist wichtig, uns an den Ort zu bringen, an dem der wahre spirituelle Weg im Herzen beginnt. Die Energie des Mitgefühls ist magisch. http://nepexog.do.am/index/chuvstva_i_eh mocii/0-12

Aber Mitleid sollte nicht mit Mitgefühl verwechselt werden. Mitleid ist, wenn eine Person ihren Stolz füttert - dir ist schlecht.... Aber ich fühle mich gut. Das ist es, was du brauchst. Mitgefühl bedeutet, die ganze Situation zu verstehen und zu fragen: „Kann ich dir helfen?"

Es gab viele verschiedene Ereignisse auf dem Planeten, bei denen verschiedene Menschen aus verschiedenen Kontinenten in Mitgefühl zusammenkamen, und siehe da - das Herz flammt auf! Das geschieht mit einer Frequenz von etwa 150 Hz. Es geht sogar noch höher.

Quarten Übergang oder positive Mutation der Menschheit

Mitgefühl ist eine der grundlegenden Emotionen der neuen Lebensweise. Viele verwechseln es mit bedingungsloser Liebe, aber es ist etwas anderes. Mitgefühl ist im täglichen Leben vorhanden und gibt bereits einen Impuls der Freude. Viele sagen, was gibt es da zu freuen? Natürlich nichts, wenn sie aus dem Verstand kommt. Freude kommt im Allgemeinen von innen. Sie kommt nicht von außen. Sie kann nur projiziert werden. Was passiert im Inneren? Feuriges Gleichgewicht.

Mitgefühl ist ein sehr starkes Gefühl. Es kann nicht für eine lange Zeit gefühlt werden. Auch Ruhe ist manchmal notwendig. Aber wir gehen alle zu höheren Schwingungen. Und deshalb gibt es so viele Todesfälle durch Herzinfarkte und Schlaganfälle. Das ist weder etwas Schlechtes noch etwas Gutes. Es ist eine Erfahrung. Wer bevorzugt was. Jemand zieht es vor, ein „Opfer" zu sein, weil es bequem ist. Man ist daran gewöhnt. Man lebt gerne im Überlebensmodus. So verlässt er die Erde durch den Tod infolge eines Herzinfarkts oder eines Schlaganfalls. Denn die niedrigen Schwingungen des Nervensystems passen nicht zu den steigenden Schwingungen der Erde. Ob Sie das akzeptieren oder nicht, bleibt Ihnen überlassen. Aber ihr müsst es wissen.

Die neuen Augen

Die nächste Entdeckung. Unsere Augen sehen die Welt nicht mehr verkehrt herum! Früher sahen wir alles „auf dem Kopf", dann schaltete sich das Gehirn ein und stellte das Bild auf den Kopf. Dann wurde ein Bild des blinden Flecks daraufgelegt. Das Bild verengte sich und es entstand die Situation: Was sehen Sie eigentlich? Es scheint, dass man alles sieht, aber was sieht man wirklich? Während sich das Gehirn wieder aufbaut, beginnen die Augen (und die Augen sind Teil des Gehirns) zu sehen, wie es wirklich ist.

Vielen Menschen gefällt das nicht. Plötzlich beginnen sie, sich selbst von außen zu sehen. Ich dachte, ich sei weiß und flauschig, jetzt sehe ich, dass ich gierig und feige bin. Es hilft, wenn man sagt: „Leute, das ist eine Erfahrung!" So muss man nicht den Weg der Schuldgefühle einschlagen. Schuldgefühle sind Teil der Manipulation. Es ist eine Erfahrung, etwas über die Situation zu lernen. Denn wenn man nicht weiß, was ein Opfer ist, weiß man auch nicht, wie man mit ihm umgehen soll. Kämpfen Sie nicht dagegen! Gott bewahre Sie davor, mit Ihrer eigenen Pseudo-Unfähigkeit zu kämpfen. Nimm es als gegeben hin. Ja, ich habe es erlebt, es ist ein Teil von mir. Lass uns weiterleben. Und dann wird es psychologisch und biochemisch aufhören, Sie zu fressen. Übrigens, wenn Sie das russische Wort „Opfer" rückwärts lesen, erhalten Sie „Autor-Regisseur". Autor und Regisseur zugleich. Ich habe es selbst erfunden, ich habe es selbst gemacht. Das ist nur so dahingesagt.

Da das Auge der „Spiegel der Seele" ist, verändert sich auch die Netzhaut und passt sich an neue Bedingungen an. In ihr tauchen neue kombinatorische Proteine, die Krypto Chrome, auf.

Die blaue Farbe erhöht, unabhängig vom Zustand des Auges und/oder der Blindheit, die Transparenz der Linse.

Ein wenig über den ehemaligen blinden Fleck im Auge. Man denkt, man kann alles sehen, wo das Auge hinfällt ... aber das stimmt nicht. Im Auge gibt es (im planetarischen Sinne können wir schon sagen, dass es das gab) einen Bereich, den man den blinden Fleck nennt. Diese Entdeckung wurde 1668 von dem Physiker Marriott gemacht. Er unterhielt die Hofleute von König Ludwig 14. Marriott setzte zwei Zuschauer einander gegenüber und bat sie, mit einem Auge auf einen Punkt an der Seite zu schauen. Dann schien es jedem von ihnen, dass die Person, die ihnen gegenübersaß, keinen Kopf hatte.... Der Kopf fiel in den Bereich des blinden Flecks des schauenden Auges.

Der Mensch ist sich eines blinden Flecks nicht bewusst, denn der Verlust des Gesichtsfelds ist ein Mangel an

Wahrnehmung. Dieser Bereich sieht einfach nichts, nimmt kein Licht wahr und wird bei fast allen Menschen beobachtet. Es wird in den okzipitalen Bereich des Gehirns projiziert - die assoziativen Bereiche. Dort werden die Informationen von den verschiedenen Rezeptoren verarbeitet, durchdacht und eine Entscheidung über das weitere Vorgehen getroffen.

Wo befindet es sich? Der Sehnerv (Kabel) verläuft von jedem Auge in die Schädelhöhle. Dieser wichtigste Ort der Verknüpfung von allem mit allem im Auge war zur Analyse verborgen. Der Hinterkopf ist das empfangende Ende der Informationen, die Verbindung mit dem Kosmos, seine höheren göttlichen Strukturen. Und die Tatsache, dass wir die Welt zuvor als eingeengt wahrgenommen haben, machte Sinn, wenn wir ein künstliches dreidimensionales Bild aufrechterhalten. Um eine entsprechende Erfahrung zu machen. Die Stirn ist übrigens der Ort, von dem aus das bereits gedachte oder vorgestellte Bild des Gehirns auf die Welt übertragen wird. Das heißt, die Bildung und Aufrechterhaltung eines verzerrten dreidimensionalen Bildes.

Energiesignale aus höheren Dimensionen (der spirituellen Sonne des Universums) werden jetzt von der Erde empfangen, wodurch der blinde Fleck auf dem Auge beseitigt wird. Dieser Bereich beginnt, das Licht zu sehen. Der Mensch beginnt zu sehen und zu erkennen, wie sich unsere Dimension auf eine höhere Ebene bewegt.

Diese Transmutation kennzeichnet den Wandel, an dem wir alle beteiligt sind. Dieser Bereich wird nun das Reich des strahlenden Lichts genannt.

Eine neue Aminosäure-Leseordnung

Die neue Aminosäureauslesung ist impulsartig. Es ist, als ob es in die übliche Leseordnung „hineingespritzt" wird. Aber diese momentanen Impulse bewirken die notwendigen Veränderungen in der manifestierten Physiologie des bewussten Verhaltens. Unauffällig verändert sich die Materie unseres Körpers.

Es ist, als ob „plötzlich" alle Verbote wegfielen. Das Lesen begann in alle Richtungen zu gehen, nicht nur von einem Ende zum anderen. Das ist etwas, auf das Genetiker und Neurophysiologen gestoßen sind.

In dem alten Gitter des fragmentierten Bewusstseins hätte das nicht passieren können. Aber „plötzlich" geschah es. Es ist ein pulsierender Mechanismus. Er arbeitet in einem pulsierenden Modus, damit unsere Körper nicht ausbrennen, denn die Energien des Jenseits sind feurig. Der Eingang des lebendigen Feuers. Das ist das göttliche Jenseits.

In der früheren genetischen Grundlage für die obligatorische zelluläre Stressbiochemie gab es sogenannte „Stopp-Codons". In der neuen Biochemie können sie umgekehrt gelesen werden. Das heißt, diese drei Buchstaben können in beliebiger Reihenfolge vertauscht werden. Das Ergebnis sind völlig unterschiedliche Substanzen. Hier ist der sofortige Impuls des Eintritts eines Neuen.

Ein anderes Beispiel. Unsere physischen Körper wurden verfeinert, aber wir haben es nicht bemerkt. Ich saß auf einem Stuhl und stand dann auf. Es war heiß, Gelsen flogen herum. Und eine dieser Gelsen wollte fressen und stürzte sich auf den Stuhl, auf dem ich gerade noch saß. Sie hat mein Phantom gespürt.

Quarten Übergang oder positive Mutation der Menschheit

Übrigens, wir alle hinterlassen Phantome, und die leben eine Weile im Raum.

Als Nächstes sehe und spüre ich die Verwirrung der Gelse. Sie riecht Blut, landet auf dem Körper des Phantoms und ... plumpst verwirrt auf die Sitzfläche des Stuhls. Noch einmal hebt sie ab, fliegt um den Stuhl herum und fliegt auf den Kopf des Phantoms zu, die ist energetisch gesehen hell. Eine Gelse fliegt um meinen Kopf herum, findet einen Platz, setzt sich, und lässt sich dann wieder fallen. Ein paar Mal flog sie herum, war völlig verwirrt und ich musste sie zu Vorfahren wegschicken, damit sie nicht leidet und die anderen in Verlegenheit bringt.

Es ist schließlich ein Insekt, mit seinen Instinkten, seinem Programm, seiner Matrix, und all das unterscheidet „plötzlich" nicht mehr zwischen einem physischen Körper und einem Phantom. Unsere Körper haben sich also verfeinert.

Sie verlieren allmählich ihre frühere Dichte.

Und wir haben es nicht einmal bemerkt. Ich meine, wir haben bereits die Dimensionen gewechselt. Ich weiß nicht, auf welcher Ebene wir uns jetzt befinden. Allerdings ist die Realität eines jeden Menschen ist jetzt eigenes – und zwar gemäß seinem Bewusstsein.

Es findet ein Wechsel der Energien statt. Anstatt alte verbrauchte Energie, tritt neue Energie aus dem Jenseits ein und wird in den Körper aufgenommen. Die alte Energie wird nicht assimiliert. Deswegen die Annahmen der Vertreter des alten Energienetzes, dass sie dem Schwingung-Tsunami im September/Oktober 2021 standhalten können, gelinde gesagt, nicht korrekt. Es ist nicht unser menschlicher Wunsch, es ist der universelle Algorithmus am Werk. Es ist eine andere Zeit im Universum. Die Dunkelheit ist vorbei, die Morgendämmerung kommt.

Quarten Übergang oder positive Mutation der Menschheit

Ich habe mich einmal gefragt, ob in der modernen Geschichte der Genetik so etwas wie spontanes Rückwärtslesung (Reverse-Reading) beobachtet worden ist. Desselben Stopcodons, die bestimmten Stoffe, Aminosäuren, darstellen. Die Antwort ist nein. Denn wenn etwas andersherum gelesen wird, ist es bereits ein anderer Stoff. Und das Ergebnis ist Krankheit. In der Natur ist alles fix! Es kann keinen Fehler geben. Außerdem ist es ein wiederholbares Ergebnis.

Kalte Kernfusion in der Zelle

Zur Frage der essentiellen und nicht essentiellen Aminosäuren

Und noch eine Sache über Russland gesagt werden muss. Dass Russland der Anführer der wissenschaftlichen Revolution ist. Aus irgendeinem Grund wird darüber nur im Flüsterton gesprochen.

Es geht darum, dass die kalte Kernfusion offiziell anerkannt worden ist. Diejenigen, die das Gegenteil behaupteten, waren gezwungen, sich öffentlich zu entschuldigen.

Am 6. Juni 2016 fand im Prochorow-Institut für Allgemeine Physik der Russischen Akademie der Wissenschaften ein Seminar statt. Auf dem

Seminar sprach Vladimir Koscheev zum ersten Mal über die erfolgreichen Ergebnisse der neuen, einzigartigen Technologie zur Dekontaminierung von flüssigem Atommüll, die bereits 2016 fertiggestellt wurde.

Es gibt speziell zubereitete Mikroben Kulturen, das radioaktive Cäsium absorbieren. Fast vollständig und in kurzer Zeit. Und noch früher gab es die Arbeit von Kornilova. Es wurde die Entdeckung gemacht - Transmutationen von chemischen Elementen in natürlichen Kulturen, 1993. Worum geht es hier? Was hat es mit der neuen Biochemie zu tun? Ganz direkt. Denn absolut alle biologischen Systeme sind in der Lage, aus verfügbaren Komponenten Mikronährstoffe oder deren biologische Gegenstücke zu synthetisieren, die für ihr Überleben entscheidend sind.

So geschieht die Alchemie einer anderen Biochemie. In unseren Zellen funktioniert nicht nur die kalte Fusion, sondern es ist eine höhere Alchemie in uns am Werk. Ich habe keine Angst vor diesem Wort, denn es ist genau das gleiche Wissen aus dem Jenseits, das sich auf der physischen Ebene manifestiert.

Und was in unseren Körpern zu existieren beginnt, verdankt seine Manifestation dem neuen Gitter des vereinheitlichten kollektiven Bewusstseins.

Es gab ein Wissen, das unter den Bedingungen des alten Gitters des fragmentierten Bewusstseins die ersetzbaren und unersetzlichen Aminosäuren betraf. Jetzt verstehen Sie die Unkorrektheit in der Darstellung über „Ersetzbarkeit" und „Unersetzbarkeit", denn unser Körper synthetisiert bei der kalten Kernfusion alles, was er braucht. Natürlich ist alles relativ. Und alles hängt wiederum von Ihrem Bewusstsein ab. Aber Sie müssen sich dessen bewusst sein.

Ja, biologische Systeme synthetisieren wichtige Mikronährstoffe. Schließlich hat die neue Biochemie nicht auf dem leeren Platz angefangen. Es müssen viele Dinge vorhanden sein, um neue Zyklen in Gang zu setzen. Zum Beispiel die Rückwärtslesung?

Lange Zeit wurde diese Entdeckung totgeschwiegen. Der Autor wahrscheinlich belächelt worden, obwohl er gleich mehrere Nobelpreise verdient hätte. Es wurden Gutachten und mehr als 500 unabhängige Experimente durchgeführt. Alle haben das Ergebnis bestätigt. Die offizielle Wissenschaft macht eine hilflose Geste. Diese biologische Synthese passt nicht in ein zerbrochenes System des Wissens.

Heute bedeutet dieses Wissen offiziell die Legalisierung der gesamten Forschung im Bereich der niederenergetischen Kernreaktion. In der Wissenschaft der Achtsamkeit, wenn das

Quarten Übergang oder positive Mutation der Menschheit

Herz achtsam und der Verstand herzhaft wird, manifestiert sich wahre Ethik, und der wissenschaftliche Weg wird mit dem Weg des Herzens vereint. Dies ist unsere Zukunft.

Neue Fibonacci-Reihe

Die nächste Entdeckung betrifft die Fibonacci-Reihe. Dies ist wahrscheinlich die wichtigste Entdeckung, mit der alles begann. Es gibt keinen Vermerk zu dieser Entdeckung. Der Wert ergibt sich aus der Analyse des vorhandenen Materials. Erinnern Sie sich an die klinische Studie zur Akupunktur.

Die Fibonacci-Reihe ist der Goldene Schnitt, der überall und immer wieder auftaucht. Alles - Pflanzen, Tiere, Gebäude, Kleidung usw. - unterliegt der Fibonacci-Reihe. Wir sagen zum Beispiel, dass jemand einen exquisiten Geschmack hat. Und tatsächlich entspricht das Aussehen einfach der Fibonacci-Reihe. Und das war einer der Rhythmen des Gehirns.

Warum war das so? Schien eine gute Sache zu sein. Harmonie. Es stellte sich heraus, dass es eine Harmonie der geschlossenen Welt war. Die Welt öffnet sich, und die Fibonacci-Folge funktioniert größtenteils nicht mehr. Jetzt ist Übergangszeit, und auch die Harmonie ändert sich allmählich. Der Goldene Schnitt lag früher bei 0,618. Jetzt wird er zu 0,815.

Hier ist ein alter chinesischer Aphorismus angebracht: „Harmonie ist nicht der Zweck, sondern das Mittel. Wenn du weißt, was du mit ihr tun sollst, wirst du sie finden". Mit anderen Worten: Man soll sich nicht auf die Harmonie zubewegen, sondern auf der Grundlage der Harmonie. Man muss in den Zug mit den Namen „Harmonie" einsteigen und nicht zur gleichnamigen Endstation fahren.

Das Alte wird allmählich durch das Neue ersetzt. Es entsteht ein anderer Goldener Schnitt und die atomare Struktur beginnt sich entlang einer anderen Reihe zu bilden. Ich denke, dass es überall auf der Welt ähnliche Studien geben wird.

Quarten Übergang oder positive Mutation der Menschheit

Eine andere Harmonie manifestierte sich. Zuerst mit einer atomaren Struktur, durch eine Veränderung der Akupunkturpunkte, eine Veränderung der Nervenknoten, die plötzlich zu pulsieren und durch den Körper zu wandern begannen.

Als wir die Akupunkturpunkte für die elektrische Leitfähigkeit und andere Parameter berechneten, gab es eine Streuung von Werten, die in keinen Standardrahmen passten. Aber als wir den neuen Koeffizienten von 0,815 nahmen und versuchten, zu addieren oder zu multiplizieren oder zu dividieren - wir experimentierten, weil es nichts gab, womit man anfangen konnte -, fanden wir heraus, dass, wenn man diesen Koeffizienten auf eine bestimmte Weise mit einer Zahl verbindet, man eine völlig neue Reihe neuer Harmonie erhält - die Harmonie der offenen Welt.

Mit diesem Koeffizienten war es möglich, in die neuen Informationen zu gelangen. Das heißt, dieser Wert von 0,815... als Korrekturfaktor für jene Ergebnisse, die die klassischen Erkenntnisse aus dem Standardrahmen werfen.

Die Fibonacci-Reihe war linear. Sie wurde in einer Linie bis ins Unendliche ausgeschrieben. Und der neue Koeffizient ist mehrdimensional. Wenn Sie sich noch an den Schulstoff erinnern, sind es viele Formeln in geschweiften Klammern. Dies ist eine vereinfachte Art, das System der neuen Harmonie zu beschreiben. Eine andere Harmonie.

Alles auf dieser Welt ist ein Klang. Alles hat sein eigenes Klangspektrum, seiner Schwingung. Und Wissenschaftler nahmen an, dass bei Krebspatienten der Klang der Zellen schlecht sein muss. Es stellte sich heraus, dass es der Klang eines Walzers ist. Aber trauernde Walzer.

Chopins Trauermarsch zum Beispiel, eine Trauermelodie. Aber man kann nicht sagen, dass er nicht harmonisch ist. Und die Melodie entspricht der Fibonacci-Reihe.

Übrigens, in der alten Weltharmonie mit der Fibonacci-Reihe sprang der Halsschlagaderdruck von selbst, wie es Gott will. Nicht im menschlichen Körper, sondern in theoretischen Studien. Er hatte keine Grundwerte der Manifestation. Warum ist es so und nicht anders?

Der Lieblingssatz von Wissenschaftlern ist „ist allgemein anerkannt." Das sagen sie, wenn sie nicht wissen, wie es wirklich ist. Das ist weder gut noch schlecht. Die Welt war eine geschlossene Gesellschaft und Informationen waren rar. Jetzt gibt es viele Informationen, und dank der Übergangszeit besteht die Möglichkeit, viel zu lernen. Der Druck in der Halsschlagader und der neue

Korrekturfaktor von 0,815 passen nun perfekt zusammen.

Über Antioxidantien

Die Einstellung zu Antioxidantien hat sich geändert. Sind sie schädlich oder hilfreich? Was sind Antioxidantien? Welche Formeln, Namen ... schützen vor freien Radikalen. Und was sind freie Radikale, abgesehen von dem, was auf der Ebene der Chemie gebildet wird?

Ich begann, nach Informationen über freie Radikale zu suchen. Wovor schützen wir uns?

Wie sich herausstellte, gehört zu den freien Radikalen auch ... Wasser. Es ist das stärkste Oxidationsmittel, das es gibt. Die Frage, warum sich unsere Knochen nicht auflösen, sollte man nach oben zum Chef schicken. Der Sauerstoff zum Atmen steht kurz vor der Explosion. Wasserstoffperoxid ist an der Wundheilung beteiligt.

Schwefelwasserstoff ist wichtig für die Stärkung der Blutgefäßwände. All diese Elemente sind in unserem Körper vorhanden und in geringen Dosen notwendig. Warum also schützen wir uns vor diesen Elementen, wenn wir doch aus ihnen bestehen? In der alten Physiologie war dies die Norm. Aber jetzt gibt es eine neue Physiologie und neues Wissen wird benötigt.

Nach einer Entdeckung französischer Wissenschaftler aus dem Jahr 2006 sind es nicht die freien Radikale, die organische Stoffe zerstören, sondern schwere Gedanken. Wenn wir jammern, dass die Dinge wirklich schlecht sind. Nicht nur das, Gedanken materialisieren eine unangenehme Substanz, die im Okkultismus Imperil genannt wird.

Es war bekannt, wurde entdeckt und erforscht. Nun, diese Chemikalie ist ein festes Salz der Benzoesäure. Die Zusammensetzung dieses Stoffes beinhaltet noch vieles mehr. Aber es kann nicht gelöst, sondern nur verbrannt werden. Dieser Stoff wurde isoliert und konnte in einem Acetylenbrenner bei etwa 1000 Grad Celsius verbrannt werden. Offensichtlich kann der Körper mit diesen Temperaturen nicht zurechtkommen. Es kann sich in den Kapillaren ablagern und die Wände der Blutgefäße zerkratzen, Plaques in den Blutgefäßen bilden und jede Menge anderer Schäden anrichten. Nochmals zurück zum Geist - filtern Sie Ihre Gedanken.

Und die geschlossene Akupunktur. Die frühere geschlossene Akupunktur erforderte keinen äußeren Einfluss, also eine Art bewussten Prozess. Wenn wir uns einer Sache bewusst sind, erzeugt unser interner Biolaser (DNA) eine andere Energie durch dasselbe Zentrosom. Und es stellt sich heraus, dass in einigen Organismen, die sich plötzlich spontan ihrer selbst bewusst geworden sind,

Antioxidantien schädlich oder bestenfalls neutral geworden sind.

Und im Allgemeinen haben die Drogen ihren Einfluss verändert. Es gibt Moleküle, die sich nach links drehen, und es gibt Moleküle, die sich nach rechts drehen. Und „plötzlich" haben sie angefangen, die Plätze zu tauschen. Wir haben früher mit homöopathischen Wissenschaftlern zusammengearbeitet. Sie stellten eine Reihe von Medikamenten her, die über Nacht zu Gift wurden. Wie Gott verhindert hat, dass sie auf dem Markt verwendet werden, ist wiederum eine Frage für den Chef. Die ganze Charge wurde zurückgewiesen. Aber die Frage wurde offengelassen.

Neue Systeme der Lebensschöpfung werden jetzt schrittweise implementiert. Dies ist ein kosmisches, planetarisches Phänomen und ein Gegengewicht zum Überlebensmodus.

Artikel aus dem New England Journal of Medicine von 2014, von David Tuveson und Navdeep Shandel.

Über die feinstoffliche psychische Energie

Die feinstoffliche oder psychische Energie des Menschen wurde entdeckt, gezeigt, demonstriert, aufgezeichnet und dokumentiert. Dies geschah durch den Mikrobiologen Vladimir Poponin.

Phantome, subtile Abdrücke all unserer Bewegungen, wurden aufgezeichnet. Wenn Sie zum Beispiel Ihre Hand halten und sie dann wegnehmen, bleibt diese subtile Spur bis zu drei Tage lang erhalten. Denken Sie darüber nach, mit welchen Gedanken Sie den Raum betreten und was Sie zurücklassen? Sie sind Magneten. Eine Sache zieht eine andere an.

Zum Beispiel: feuchtes, düsteres Wetter. Sie sind mürrisch und unglücklich. Der Hausherr bestellt entsprechende Ereignisse und ein vorbeifahrendes Auto wird Sie sicher aus einer Pfütze bespritzen. Ein anderes Beispiel. Sie bewundern fallende Schneeflocken und ein vorbeifahrendes Auto wird Sie nicht stören. Die gleiche Person in der gleichen Situation und die Ereignisse sind diametral entgegengesetzt. Früher lebten wir gedankenlos in Reflexen. Wir gaben eine Bestellung auf, bekamen einen Fußtritt und bestätigten sie dann selbst: „Na, ich hab's ja gesagt".

Wie Sie Ihr Höheres Selbst ansprechen

Stellen Sie sich vor, Sie befinden sich in einem dichten Wald und wollen herauskommen. Du gehst in einer Richtung, in die andere, aber es gibt keinen Weg hinaus. Und da fliegt ein Flugzeug über den Wald - dein Höheres Selbst. Es sieht dich unten herumhuschen und denkt, dass es ihm dort gefallen muss. Aber für dich ist es das nicht. Und du musst anhalten und deiner Hoheit zurufen: „Hilfe! Holt mich hier raus! Zeig mir den Weg!". Das heißt, du musst um Hilfe bitten. Dein Ruf muss bewusstwerden.

Wenn sich unsere Gedanken und Absichten früher nur langsam manifestierten, erhalten Sie jetzt, sobald Sie daran denken, sofort eine Antwort. Es ist auch etwas gewöhnungsbedürftig, zu denken, ohne zu denken. Der „leere" Kopf wird nicht zu einer Modeerscheinung oder esoterischen Spitzfindigkeiten, sondern zu einer dringenden Notwendigkeit, damit man nicht etwas materialisiert, was man nicht braucht. Auch solche Dinge passieren.

Im Allgemeinen ist das Beobachterdasein nicht nur eine Sicherheitstechnik. Man wird unverwundbar gegenüber der umgebenden, daweil immer noch alten Welt. Die Pandemie ist Teil des Quantenübergangs. Der Prozess der Schließung des kollektiven Karmas der planetarischen Menschheit beschleunigt sich.

Neue Erde

Die neue Erde existiert bereits, und sie wird bereits bevölkert. Woher stammen diese Informationen? Von den ersten neuen Siedlern auf dieser Welt. Sie sprachen über Fehler als solche. In jedem Fehler stecken aber positive und negative Energien. Jeder Fehler muss als eine Erfahrung akzeptiert werden. Wenn man seine Fehler akzeptiert, wird die positive Energie freigesetzt und die negative Energie wird neutralisiert.

Jetzt werden wir das Wissen als Informationspaket erhalten. Und diese neuen Energien des Jenseits beginnen, von uns zu lernen, und wir lernen von ihnen. Das ist ein gegenseitiger Prozess des Austauschs von Gefühlen und der Errichtung einer neuen Welt, einer neuen Erde.

Eine neue Erde gibt es nicht nur auf der feinstofflichen Ebene. Auch hier wird eine neue Erde geschaffen. Die gleiche, dichte Erde, die hier vorhanden ist. Was sehr wichtig ist - dem wurde bisher nicht viel Aufmerksamkeit geschenkt - ist der Respekt vor sich selbst. Die Sorge um sich selbst, um den eigenen Geisteszustand. Darüber ist bisher nicht viel gesprochen worden.

Erinnern Sie sich? - Liebe deinen Nächsten wie sich selbst. Deinen Nächsten zu lieben, ist einfacher. Aber meistens ist es eine theoretische Angelegenheit. Zum Beispiel zu sagen: „Ich liebe die Menschheit" und nichts von dem zu fühlen, was gesagt wird. Ohne Gefühl ist es nur ein Spiel mit Worten, wie eine Rassel. Sie mögen viele Dinge wissen, viel mehr als ich. Aber fühlen Sie das, was Sie sagen?

Mit dem alten Gitter des fragmentierten Bewusstseins regierte vollständig der Verstand. Mit dem neuen Gitter des gemeinsamen kollektiven

Bewusstseins wird die Sprache der Gefühle das Wichtigste sein. Deshalb entstehen Schwierigkeiten, wenn ein Mensch, wenn auch unbewusst, versucht, sich selbst Recht zu geben. Jeder hat seine eigene Wahrheit. Wir müssen lernen, die Wahrheit des anderen zu respektieren, indem wir mit dem Konkurrenzdenken aufhören. Jeder hat seine eigene Realität, seine eigenen Gedanken, Ansichten und Vorlieben. Und wir wählen die Realität, in der wir die neue Erfahrung erleben müssen. Unsere Seelen wählen sie.

Saubere Gedanken, das weißt du selbst, sollten immer da sein. Und jetzt kommt es von selbst. Es ist nicht so, dass ich betrügen will, nein. Du kannst schummeln wollen, du kannst deine Gedanken verstecken. Ein unreiner Gedanke kommt, du versteckst ihn irgendwo weit weg, aber er taucht plötzlich auf. Und je mehr man sie versteckt, desto mehr kommt sie zum

Vorschein, in all ihrer Unansehnlichkeit. Das ist überall der Fall.

Es ist sehr hilfreich, die Gedanken nicht in die Ferne rennen zu lassen. Vergangene Erfahrungen helfen immer weniger. Es funktioniert „plötzlich" nicht mehr. An manchen Momenten mag das funktionieren, aber immer seltener. Und immer mehr Situationen lösen sich ganz unerwartet auf, sogar spontan. Es ist nicht so, dass man nicht in diese Richtung denken kann. Es ist unrealistisch, überhaupt in diese Richtung zu denken. Aber genau das passiert plötzlich. Es sind die Energien aus dem Jenseits, die gekommen sind. Sie arbeiten von selbst, sie lassen uns wissen, sie zeigen uns neue Wege zu gehen.

Es geschehen, zum Beispiel, Ereignisse - Vermittler, wie eine Leiter zu etwas Großem. Um zum Beispiel jemanden zu treffen, muss man ihn kennenlernen. Und um ihn kennenzulernen, braucht man eine Kette von Ereignissen, die abgelaufen sind, damit man „zufällig" zur richtigen Zeit am richtigen Ort ist. Das Wort „zufällig" ist in einer solchen Situation sehr praktisch, um keine großen Worte zu benutzen - Synchronizität mit göttlichen Energien, oder mit Bewusstseinsströmen... usw.

Und „zufällig" bedeutet, dass es mit anderen Energien zusammenhängt. Es gibt viele Interpretationen dieses Wortes, aber das ist jetzt nicht der Punkt. Die Verwendung des Wortes in einem so alltäglichen Wortschatz vereinfacht die Sprache, man muss nicht viele kluge Worte sagen. Aber jede Qualität muss eine hohe Frequenz haben. Hier kommt die Sprache der Gefühle ins Spiel, wenn es unnötig wird, viele Worte zu sagen. Der Verstand kehrt in seinen ursprünglichen Zustand zurück - er ist nur ein Werkzeug.

Die Schwingungsskala der jenseitigen Energien ist für Menschen, die in der alten Welt leben, nicht zugänglich. Aber es ist möglich, sie zu fühlen. Wenn Sie Ihren Geist darauf ausrichten, wird nicht nur das Gefühl kommen, sondern mit dem Gefühl wird auch das Wissen kommen. Das ist ein sehr mächtiges Paket. Sie können nichts falsch machen. Die Energien des Jenseits lehren uns eine neue Sprache.

Im Moment auf der Neuen Erde leben diejenigen, die den physischen Tod hinter sich haben. Aber die galaktische Gruppe arbeitet daran, die Menschen OHNE physischen Tod auf die Neue Erde zu transferieren. Lasst uns hoffen, dass diese Entscheidung getroffen wird.

Über die Natur der menschlichen Eigenschaften

Die Eigenschaften wurden von Gott absichtlich erfunden und existieren als Werkzeuge für die Verkörperung als Talente. Sie müssen gefunden und manifestiert werden. Das heißt, sich die Frage zu stellen: „Was sind meine Talente, welche sind es? Kommt heraus, lasst sie uns kennenlernen".

Sie kommen zum Vorschein. Atypische Ereignisse beginnen sich zu entwickeln. Diejenigen, die völlig unrealistisch für Sie sind. Es gibt zum Beispiel Menschen, die aus verschiedenen Gründen seit ihrer Kindheit keine Milchprodukte mehr essen können, was weder schlecht noch gut ist. Für sie sind Milchprodukte aus einer Vielzahl von Gründen inakzeptabel. Aber irgendwann wollen sie einfach Milchprodukte essen,

Milch trinken und fragen sich: „Wie könnte ich ohne sie leben?"

Das erfordert Vertrauen in sich selbst. Man kann natürlich auch kein Vertrauen haben, dann sieht die Sache schon anders aus. Du vertraust dir selbst - und du hast sofort den kürzesten Weg zur Wiederherstellung des Körpers eingeschlagen. In den alten Energien war Milch für diese Menschen nicht akzeptabel.

Neue, extreme Energien werden freigesetzt, und die Chemikalien in der Milch beginnen, sich in den gesamten neuen Zellzyklus zu integrieren. Eine neue Welt manifestiert sich. Und oft kann man gar nicht anders, als das zu tun, was einem „zufällig" in den Kopf und ins Herz kommt.

Das neue planetarische Gitter des vereinten Bewusstseins

„Blume des Lebens"

Das neue Gitter bedeutet aktive Kreativität. Genau die Göttlichkeit, von der vorher nur theoretisch gesprochen wurde. Und nun beginnt sich eure Göttlichkeit im täglichen Leben eines jeden von euch zu manifestieren. Es klingt noch nicht klar, und die Manifestation ist für jeden anders. Aber es bleibt die Tatsache, dass die Menschen zum ersten Mal seit langer Zeit ihre höheren göttlichen Aspekte hier auf der physischen Ebene kennenlernen. Unter dem alten Gitter war dies nur den wenigen möglich, die ihr als Heilige oder Weise kennt.

Dieses Gitter hat nicht einmal die Farbe des Regenbogens. Es gibt wirklich keine Worte, um es zu beschreiben. Und das nicht, weil es so hell und schön ist. Das

Wort ist eine irdische Schwingung, eine Schwingung eines Buchstabens, einer Silbe. Die Schwingungen sind so unterschiedlich, dass unser Wort, das sich oft aus den Schwingungen des alten Gitters zusammensetzt, schwer zu benennen ist. Vor allem, wenn es darum geht, die Essenz zu benennen. Wenn wir uns mit den Energien des Jenseits verbinden, werden sich neue Schwingungen und neue Worte manifestieren.

Ein kleiner Auszug aus der Trilogie „Biochemie".

Das Buch selbst war als Nachschlagewerk für Ärzte gedacht. Ich habe nur ein paar Punkte ausgewählt. Ich werde Ihnen eine Kostprobe der Neurophysiologie anbieten. Meine Intuition sagt mir, dass es vorher noch eine Erfahrung zu erzählen gibt.

Das Ergebnis der Erfahrung ist bereits in das Gitter eingebaut, sodass Sie es jederzeit nutzen können. Die Erfahrung geht als Ihr eigenes Wissen in Sie ein, auch wenn Sie es vorher nicht wussten. Um was geht es hier? Diese Geschichte ist mir persönlich passiert und auf Empfehlung meines Lehrers muss ich sie Ihnen als gelebte Erfahrung erzählen.

Oberflächlich betrachtet war es ein gewöhnliches Telefongespräch. Aber darunter gab es eine Fernwirkung von, sagen wir, einer psychotropen Waffe. Die Wirkung war zunächst nicht zu spüren. Aber ich hatte ein deutliches Gefühl, etwas anderem ausgesetzt zu sein.

Und während des Gesprächs lief die Einstellung auf den Rhythmus meines Gehirns. Das verstehe ich jetzt im Nachhinein und kann es in Worte fassen. Aber die Sache ist die, dass ich mich seit etwa vierzig Jahren in der ständigen Bewahrung meines inneren Energiegleichgewichts geübt habe. Diese Praxis umfasst alle anderen und läuft schon seit langem auf „Autopilot". Je höher die eigene Schwingung, desto weniger verletzlich ist man.

Der Zustand des Zuschauers ist auch mein Normalzustand, d.h. ich kann mich mitten in einer „Spitzensituation" befinden und gleichzeitig am Rande stehen. Mein Bewusstsein darf nicht an der aktuellen Situation beteiligt sein. Und als diese

Exposition begann, schaltete sich der „Autopilot" ein.

Das betreffende Beispiel wird angeführt, um zu wissen, wie man sich verhalten soll. Die Wirkung selbst betrifft in der Regel bestimmte Hirnlappen, die für die Angst verantwortlich sind. Denken Sie daran, dass der Kern einer jeden Pandemie die Angst vor dem Tod ist. Und um sich nicht auf die emotionale Seite einzulassen, müssen Sie sich zumindest für einen Moment im Gleichgewicht „verankern" und die höheren Mächte zu Hilfe rufen. Mit anderen Worten: Sie brauchen eine Minute des Bewusstseins.

Und damals, nach dem Telefongespräch, einen Moment später teilte mir mein Körper in seiner Körpersprache mit, was er fühlte. Es war ein Gefühl, das man übersetzen könnte mit - lass alles stehen und liegen und laufe dorthin, wo man dir sagt, dass du hingehen sollst und tu, was man dir sagt.

Quarten Übergang oder positive Mutation der Menschheit

Oder kurz gesagt: „Lauf, dass deine Pantoffeln fliegen". Aber es herrschte ein inneres Gleichgewicht, eine tiefe Stille, die es mir erlaubte, das Geschehene kurz zu analysieren, ohne mich auf die Situation einzulassen.

Der Einfluss, der auf den physischen Körper und seinen subtilen Teil gerichtet war, war stark genug, um den Willen des Gesprächspartners zu unterdrücken und die notwendige Entscheidung zu erzwingen. Aber wenn man im energetischen Gleichgewicht ist, kann man den Impuls als eine Art abgelenkten Moment mit einer vollständigen Analyse des Geschehens empfinden. Denn die Position des „äußeren Beobachters" macht dich unerreichbar. Und durch deinen energetisch ausgeglichenen Körper beginnen die Höheren Kräfte nicht nur dich beeinflussen, um dir zu helfen, sondern auch in die entgegengesetzte Richtung zu wirken.

Quarten Übergang oder positive Mutation der Menschheit

Ich musste diese Erfahrung im Detail studieren, um den bewussten Durchgang all seiner Stufen zur Verwendung im neuen Gitter des vereinigten planetarischen Bewusstseins weiterzugeben. Das gilt auch für eure Erfahrungen bei der Lösung eurer schwierigen Situationen. Wir alle teilen unsere Erfahrungen, unsere Lösungen, helfen uns gegenseitig und sparen so Zeit für andere Dinge.

Nun zu den Neuronen im Gehirn. Wir hatten sie in einer sechseckigen, bienen-wabenartigen Form angeordnet. Und diese ganze Struktur begann sich mit neuen Inhalten zu füllen. Denn das Neue absorbiert das Alte. Der alte Zustand - als Boden, als Dünger, als Baumaterial. Das heißt, nichts wird weggeworfen.

Im Jahr 2016 wurde in der Schweiz eine Entdeckung gemacht. Es stellte sich heraus, dass Gehirnstrukturen eine Menge leerer Räume bilden. Sie stellten fest, dass es sich dabei nicht nur um abstrakte Leerräume, sondern um geometrische Formen handelt. Und die sind viel wichtiger als Neuronen.

Diese Räume des Gehirns sind auch eine Manifestation des neuen planetarischen Gitters des vereinten Bewusstseins. Natürlich hatten wir diese Strukturen schon vorher, aber wir haben sie nicht wahrgenommen. Jetzt sind die Energien des Jenseits auf der physischen Ebene bereits manifestiert, und was vorher unsichtbar war, wird sichtbar.

Diese Räume sind einer der manifestierten Aspekte des Bewusstseins. Das Gewahrsein war schon immer da. Auch im alten Gitter gab es Weisen und Heilige. Das waren die Menschen, die alle richtigen Energiezentren geöffnet hatten, einschließlich des Brahma-Lochs - des siebten Kronenzentrums. Und jetzt ist es zu der Ebene geworden, die auf der zellulären Ebene für den Körper grundlegend geworden ist.

Sie haben keine Ahnung, wie viel Macht Sie besitzen. Sie haben nicht darüber nachgedacht. Aber eines Tages legen Sie Ihren „Schalter" um und alles wird funktionieren. Diese mächtige neue Verkabelung wird funktionieren. Wenn Sie die Augen schließen, sehen Sie, natürlich zufällig, einen Blitz auf der Höhe Ihres Kopfes. Das Brahma-Loch funktioniert.

Akzeptieren Sie es als alltägliches Phänomen. Es wird bereits zur Norm. Es gehört nicht zu einer prinzipiell schizophrenen Ursache. Es ist nur eine andere Offenbarung der Physiologie der Achtsamkeit. So funktioniert die neue Biochemie. Natürlich nur, wenn Ihr Bewusstsein es zulässt.

Die neue Biochemie auf zellulärer Ebene verfügt über eine Art eingebautes System, in dem es sehr schwierig ist, krank zu werden. Aber es funktioniert nicht von allein. Man braucht ein gewisses Maß an Schwingung, ein ausgeglichenes Bewusstsein. Auch hier gilt, dass das Neue nicht mit den alten Methoden eingeschaltet werden kann.

In der biochemischen Sprache werden diese als „aromatische Azomethane" und ihre Verbindungen bezeichnet. Diese Verbindungen sind immer noch in unserem Körper vorhanden. Allerdings sind sie noch verstreut und in andere Reaktionen eingebunden. Wenn sie nicht mehr zersplittert sind, beginnt die Regeneration nach dem Algorithmus der wahren göttlichen Essenz, die wie dieser göttliche Funke in jedem Menschen steckt.

Es geht wieder darum, sich selbst zu akzeptieren. Indem man sich erlaubt, göttlich und bewusst zu sein.

Die alte Biochemie war auf die sogenannten „Leerlauf-Zellzyklen" zurückgeführt. Die Zelle verbrauchte förmlich Energie und produzierte nichts. Dies war eine künstliche Situation. In Wirklichkeit wurde Ihre Energie verbrannt.

Unter den Bedingungen des alten Gitters des fragmentierten Bewusstseins war es dem Menschen nicht möglich, zu seiner wahren Essenz - dem göttlichen Funken - zu gelangen. Das ist die Kraft deines Lebens hier und jetzt. Deshalb wurde es durch verschiedene äußere Ereignisse abgelenkt, sodass man nicht tief in sich selbst hineinschauen konnte. Und der physische Körper musste geschwächt werden.

In der früheren Biochemie gibt es eine ganze Reihe solcher Fakten. Und wenn die Fakten isoliert betrachtet werden, sind sie nicht beeindruckend. Aber wenn sie in großer Zahl gesammelt werden, ergibt sich ein ganz anderes Bild. Die Biochemie-Trilogie ist nicht aus dem

Nichts entstanden. Sie besteht ausschließlich aus solchen Fakten. Bei der Abfassung des Buches wurden etwa 2.000 Hinweise auf die Arbeit nationaler und internationaler Forscher verwendet.

Und das Bild der alten Biochemie wurde klar. Warum das so ist und nicht andersherum. Noch einmal: Die Trilogie ist ein Handbuch für Ärzte und ist in medizinischer Sprache geschrieben. Man kann diese Namen in der „Haussprache" nicht aussprechen. Zum Beispiel die Substanz „Succinatdehydrogenase".

Energie auf zellulärer Ebene wurde aus einem bestimmten Grund verschwendet. In unserem Körper arbeitete eine spezielle biochemische Fabrik. Die Produkte dieser Fabrik waren alle Arten von biochemischen Störungen, die sich in verschiedenen Krankheiten manifestierten. Die Biochemie des obligatorischen zellulären Stresses kam in vollem Umfang zum Tragen. Warum haben die Experten solche Störungen nicht erkannt? Eine schwierige Frage. Ein Grund war, dass diese Störungen so fest im Körper verankert waren, dass sie bereits zur Norm geworden waren.

Bestätigungen des Ausstiegs aus der bisherigen Energiematrix

Erste Bestätigung

Viele haben sich gefragt, ob das Universum offen oder geschlossen ist. Wenn es eine künstliche Computersimulation ist, muss das Spektrum der kosmischen Strahlung bei bestimmten Energien eine Abbruchkante aufweisen. Das natürliche Spektrum weist keine solche Klippe auf. Diese Grenze ist gefunden worden. Unser Universum ist künstlich abgeschaltet. Die Grenze der kosmischen Strahlung ist die Greisen-Zatsepin-Kuzmin-Grenze und liegt bei 50 Exaelektronenvolt.

Zweite Bestätigung

Das Swietendieck-Kriterium - der theoretisch zulässige Mindestabstand zwischen Atomen bei Wasserstoff- und

Metallverbindungen von 0,21 Nanometern
- wird verletzt.

Dritte Bestätigung

In der neuen Biochemie gibt es
keine Stoppcodons UGA, UAA, UAG und
kein Startcodon AUG. Diese Codonen
wirken notwendigerweise im Prozess der
Inversion (Umkehrung) des genetischen
Codes. Auch die Inversion ist eine
Notwendigkeit.

Mutationen werden von der
multidimensionalen DNA gesteuert. Sie
werden zu einem Feld von potenziellen
Möglichkeiten, in dem sich das
Bewusstsein des Beobachters - der
bewussten Person - manifestiert.

Vierte Bestätigung

Das direkte Wahrnehmungsnetz
liefert genauere Informationen über das,
was um uns herum vor sich geht.
Echtzeitinformationen machen Ihre
Reaktion auf die Welt um Sie herum

flexibler. Zu den betreffenden sensorischen Informationen gehören auch Informationen über Ihr eigenes Selbst: Gedanken und Gefühle, Emotionen und innerer Zustand. Hören Sie auf die Erleuchtung. Fließende Zustände. Kreativität.

Fünfte Bestätigung

Unnötige Gene werden markiert, was als RNA-Interferenz bezeichnet wird. Es sieht aus wie eine Gen-Deaktivierung, obwohl die DNA mit dem Geneintrag unberührt bleibt. Auf diese Weise wurde das Panik-Gen entfernt. Das heißt, es gab ein Programm, aber es wurde umgangen und weitergeführt.

Sechste Bestätigung

Anstelle von Elektronen beginnt eine elektrisch neutrale superfluide Lichtflüssigkeit im Körper zu fließen. Licht ist eine sehr intensive Informationsquelle. Es ist 100 % göttliches

Jenseits. Dies wurde indirekt in Skolkovo (Wissenschaftszentrum in Russland) bestätigt.

Es gibt dort eine Gruppe, die sich mit Polaritonen beschäftigt. Dieses flüssige Licht. Es existiert auch in unseren biologischen Geweben, es ist lebendig. Wasser und Feuer, das sind zwei Seiten derselben Medaille. Selbst in den alten indischen Texten heißt es, dass der Wassergott Varuna einst seinen Bruder, den Feuergott Agni, in seinem Haus versteckte. Das ist Feuer im Wasser. Es ist ein und dieselbe Substanz, so seltsam es auch klingen mag. Nur die Bedingungen der Manifestation sind unterschiedlich.

Siebte Bestätigung

Die Amygdala im Gehirn erfährt eine sehr interessante Veränderung. Diese Struktur kann schrumpfen, sie kann ganz fehlen. Und das ist der Ort, an dem spezielle Substanzen hergestellt wurden, um den Menschen ständig Angst zu machen. Man stellte die richtige Substanz her, injizierte sie in den Blutkreislauf und eine bestimmte biochemische Reaktion setzte ein. Unter anderem für die Manifestation von Panik.

Was geschieht hier? Es gibt eine Zunahme des Bewusstseins. Wenn es Bewusstsein gibt, lässt das Instinkt-System, das limbische System, in seiner Aktivität nach. Das limbische System handelt nach dem Motto „Schlag oder Lauf", es gibt keine dritte Option. Bei bewusstem Verhalten finden andere biochemische Reaktionen statt.

Es gibt Menschen, die keine Amygdala haben oder eine kleine Amygdala. Diese Menschen haben keinerlei Anomalien. Der Zustand, bei dem die Amygdala abnormal geformt ist, wird als Urbach-White-Krankheit bezeichnet. Im Klartext handelt es sich um Menschen, die im Alltag bewusst geworden sind. Für das alte System, das alte Gitter, waren solche Menschen natürlich krank.

Ja, die Biochemie bei bewusstem Verhalten verändert die Physiologie des Körpers. Das ist ein normaler Zustand. Besonders für einige Teile des Gehirns. Allmählich entsteht eine neue „Verkabelung", ihre Lokalisierung und entstehen andere Impulse. Früher dachte man, dass ein elektrischer Impuls durch das Neuron selbst übertragen wird, aber es stellt sich heraus, dass die wichtigsten sind die neuronale Auswüchse - Dendriten.

Die Dendriten leiten das Signal und modulieren es gleichzeitig. Das ist alles Funktechnik. Und Neuronen sind tatsächlich Leiter. Das heißt, auf fantastische Art und Weise haben Ursache und Wirkung ihre Plätze getauscht. Jetzt müssen Sie sehr aufmerksam auf das Material achten, das Sie studieren.

Achte Bestätigung

Piezoeffekte von Aminosäuren. Der Piezoeffekt von Kristallen, bei dem Elektrizität erzeugt wird, wenn die Form verformt wird, ist gut bekannt. Der Piezoeffekt von Aminosäuren wurde bis vor kurzem noch nicht diskutiert. Die Aminosäuren im menschlichen Körper waren Flüssigkeiten, die „plötzlich" aufhörten, flüssig zu sein. Aminosäuren begannen, die Eigenschaften von amorphen Substanzen zu zeigen.

Natürlich nicht sofort. Sie haben mehr interne Energie als im Kristall. Nach und nach verschwindet der Bedarf an ATP und Mitochondrien.

Es gab Experimente, bei denen dies entdeckt, untersucht und... umgangen wurde. Weil man nicht weiß, was man damit anfangen soll. Aber das alles ist eine Manifestation der neuen Biochemie. Die molekulare Logik verändert sich. Eine Physiologie des Bewusstseins ist im Entstehen.

Was werden wir allmählich?

Es gibt einen Begriff, der supramentales Bewusstsein heißt. Ich würde sagen, es ist ein grundlegender Zustand des Bewusstseins, ein Zustand des Beobachterseins. Goldenes Lichtbewusstsein oder strahlendes Bewusstsein. Es gibt eine Menge Trainings, Meditationen, Algorithmen. Tu dies und Sie werden es erreichen. Aber sie erreichen es nicht. Warum nicht? Denn man muss in der Lage sein zu fühlen. Nicht um sich etwas vorzustellen oder Anweisungen zu befolgen, sondern um zu fühlen. Ihr müsst die höheren ätherischen Sinne zum Funktionieren bringen. Die Energien, die aus dem Jenseits kommen, beruhen auf Gefühlen. Alles beginnt damit, ein klares Bewusstsein zu erlangen, die eigenen Gedanken zu kontrollieren und an dem inneren Energiegleichgewicht zu arbeiten. Wenn ein Impuls der Selbsterkenntnis das reine Bewusstsein durchdringt, ist der Verstand still. Später wird er den Impuls in Worte und neues Wissen übersetzen, das durch Empfindungen empfangen wird und dieses wird in dein Bewusstsein eintreten.

Das Licht in den Zellen, das sich in der Physiologie manifestiert, das supramentale Licht hängt von unserem Bewusstsein ab. Dies ist die ultimative Vollendung des Lebens im Hier und Jetzt. Ein strömender Zustand des Bewusstseins. Auch die Gedanken gehorchen den Quantengesetzen. Ihre Beobachtung führt zu Klarheit des Bewusstseins.

Jeder Mensch erschafft, manifestiert seine Realität. Durch seine Gedanken, Ansichten, Vorlieben oder Antipathien. Die Welt verhält sich also abhängig davon, wie wir sie betrachten und wahrnehmen. Was also bedeutet „Realität" wirklich?

Das Aufdecken der ursprünglichen Natur des Beobachters ist eine der wichtigsten spirituellen Praktiken in vielen Lehren. Das menschliche Bewusstsein wird von Körpersystemen erfasst und kontrolliert. Die menschlichen Konzepte, an die das Bewusstsein gebunden ist, begrenzen und konditionieren es und hindern es daran, sein wahres göttliches Potenzial (Siddhi) zu manifestieren.

Das Bewusstsein ist ein globales Phänomen, das den gesamten Körper, nicht nur das Gehirn, umfasst und grundsätzlich aus Licht besteht.

Supramentales Bewusstsein

Das supramentale Bewusstsein sieht und fühlt gleichzeitig die Gegenwart, die Vergangenheit und die Zukunft, weiß und schwarz, die „Wahrheit" und die sogenannte „Lüge", als „Gute" und als sogenannte „Böse", alle „Ja" und alle „Nein". Denn alle Gegensätze sind das Ergebnis der Fragmentierung der Zeit in kleine Teile.

Es gibt keine Widersprüche, nur Ergänzungen. Die ganze Geschichte des Aufstiegs des Bewusstseins ist die Geschichte der Entdeckung des Weges vom linearen und widersprüchlichen Bewusstsein zum globalen Bewusstsein.

Das supramentale Bewusstsein fühlt sich in jedem Objekt, in jedem Ding, das es berührt. Die Totalität und Unendlichkeit dasselbe wie in der Weite oder Gesamtheit aller möglichen Objekte. Das Absolute ist überall... Alles Endliche ist unendlich.

Quarten Übergang oder positive Mutation der Menschheit

Der supramentale Gedanke ist ein Pfeil des Lichts, keine Brücke, um ihn zu erreichen. „In der grenzenlosen Weite treffen sie sich, und Ihr Wissen ist vollkommen", sagt der Rig Veda (VII.76.5). Und jedes Mal, wenn ein Gedanke oder eine Vision im Geist auftaucht, handelt es sich nicht um eine spekulative Überlegung über die Zukunft, sondern um eine direkte, augenblickliche Handlung: jeder Gedanke, Gefühl oder Empfindung ist bereits eine Handlung.

Die Akzente des neuen Zeitalters

Beginnen wir die Betrachtung der Akzente mit dem Begriff der „negativen Taktik", der oft alles andere in einen Topf wirft.

(http://agniyoga.roerich.info/index.php?title=Тактика_Адверза)

Das Wesen der gegnerischen Taktik besteht darin, dass der größte Plan nur dann verwirklicht werden kann, wenn alle Gegner angespannt sind. Als Essenz der geistigen Ebene kann das Denken nicht zerstört werden. Er kann durch eine ähnliche Einheit mit größerem Potenzial bekämpft werden.

Irgendwo im Hinterkopf schlummert eine Möglichkeit, die aber nicht ausgesprochen werden kann. Dann werden widrige Taktiken angewandt, um das menschliche Bewusstsein zu wecken.

Quarten Übergang oder positive Mutation der Menschheit

Es müssen Aktionen bis zur Absurdität durchgeführt werden, sonst können die Schlafenden nicht aufwachen. Die gleiche Taktik ist für das Weltgeschehen erforderlich.

Überall auf der Welt kann man sehen, dass sich merkwürdige nachteilige Taktiken als der beste Weg erweisen. Man mag sich wundern, warum die Menschheit durch ein kompliziertes Labyrinth gehen muss, wenn die einfachsten Wege zur Verfügung stehen. Aber die Spirale der Evolution ist komplex. Sie erfordert sogar einen vorübergehenden Abstieg, um höher zu steigen.

Wenn die Mächte des Lichts auf der Erde einen Plan ausführen, berücksichtigen sie alle Möglichkeiten und gehen von den schlimmstmöglichen Umständen aus. Damit soll der Erfolg auch unter den schlimmsten Bedingungen sichergestellt werden. Natürlich kann es bei einer solchen Taktik, die den aktiven bösen Willen und den wackeligen freien Willen der Glühwürmchen berücksichtigt, keinen Misserfolg geben. Der Plan wird unter allen Umständen ausgeführt. Und die Bösen oder Dunklen, die denken, dass sie einen Kerker bauen, bauen einen Tempel.

Diese Taktik wurde von den Mächten des Lichts nicht nur wegen ihrer umfassenden Kenntnis der menschlichen Natur gewählt. Auf diese Weise wird alles Schlechte zum Guten gewendet!

Das Hauptaugenmerk des neuen Zeitalters liegt auf der Verbindung zwischen dem Menschen und seinem Höheren Selbst. Synonyme sind Intuition, Schutzengel, Ruf der Seele. Wenn der Mensch seine göttliche Essenz erkennt, wird es unmöglich, ihn zu kontrollieren oder zu manipulieren. Bewusstes Verhalten vergrößert den Bereich des Gehirns hinter dem Stirnbein, den

Neokortex, der an Kognition, sensorischer und intuitiver Wahrnehmung beteiligt ist.

Ein Aspekt der Essenz liegt an der Oberfläche. Es ist unsere Atmung, und Atmen ist Leben. Und so ist dieses Leben organisiert.

Die Nase ist der Pfadfinder in dieser Welt (https://cyberpedia.su/11x91cb.html). Der Mensch wählt und bewertet alles nach dem Geruch, ohne sich dessen immer bewusst zu sein - einen Partner, einen Arbeitsplatz, eine Wohnung. Die Nase lässt sich nicht täuschen. Sie ist nicht dem Ego oder den Manipulationen des Verstandes unterworfen. Sie verleiht die Fähigkeit zu lieben, leidenschaftlich zu sein, glücklich zu sein, die Wahrheit zu erfassen, die Gabe der Vorhersehung, der Intuition und des Hellsehens zu besitzen.

Gerüche werden nicht durch die Nase, sondern durch das Gehirn interpretiert, und die Geschwindigkeit der Impulse von den Geruchsrezeptoren im

Gehirn ist höher als die Geschwindigkeit der Empfindungsübertragung durch die Schmerzrezeptoren. Der Geruch ist der siamesische Zwilling der Intuition, ihr Alpha und Omega.

Die Menschen haben das Bedürfnis, zu fühlen. Es ist ein Bedürfnis nach feinster Materie, wie eine Nabelschnur der Kommunikation mit höheren Dimensionen. Keine Nabelschnur - kein Leben. Deshalb haben alle Elemente des Fühlens ihre persönliche Abstimmung sowohl mit dem irdischen, kosmischen elektromagnetischen Kreislauf als auch mit ihrem Höheren Selbst. Die Qualität der Abstimmung eines Menschen mit seinem Höheren Selbst lässt sich übrigens auf der Magnetresonanztomografie (MRT) des Kopfes erkennen.

Überbewusstsein oder Bewusstsein

Weitere Materialien sind entnommen aus „Transzendentale Meditation (Forschung)", von O.I. Koekina, (https://enjoytm.ru/tm-and-axe-of-super-consciousness/) und ihrem Artikel „Transzendentale Meditation als ein Weg, das Gehirn zu 100 % zu entwickeln", (https://samopoznanie.ru/news/27886/).

In der Medizin gibt es den Begriff „periventrikuläres Glühen" oder „Leuchten" (das alte „Leukoareose"", der sich auf die elektrische Aktivität des Gehirns bezieht. Auf MRT-Scans erscheinen die Strahlungsquellen als weiße Flecken, die über das Hirngewebe verstreut sind. Die Studie hat die Wirkung der kreativen Intuition entdeckt - die „Achse des Überbewusstseins" oder „Bewusstseinsachse".

Und jetzt kommt der lustige Teil! Bei den meisten Menschen sind die weißen Punkte wahllos über die gesamte Gehirnoberfläche verstreut. Aber bei denjenigen, die bei Bewusstsein sind, sind die weißen Punkte in Clustern konzentriert. Außerdem richten sie sich auf jeden Fall in einem Lichtstrahl Richtung Krone. Auf physiologischer Ebene kommt es zu einer erhöhten Aktivität in den entsprechenden Teilen des Gehirns, was zu deren Entwicklung führt. In der höchsten Manifestation entsteht aus weißen Flecken eine klare gerade Linie, deren Existenz an sich eine Synthese aller harmonisch arbeitenden Energiezentren ist - wie eine Visitenkarte eines selbstbewussten Schöpfers.

Die weißen Punkte und ihre Cluster sind beweglich. Ihre Bewegung hängt davon ab, welche höhere Fähigkeit man im täglichen Leben aktiviert. Jeder kreative Zustand wird ein anderes Muster der Verteilung der weißen Punkte zeigen.

Auf diese Weise wird eine bestimmte kreative „Verkabelung" geschaltet.

Das Phänomen des offenen Bewusstseins ist real und findet im täglichen Leben statt. Wenn das Herz eines Menschen für die Welt offen ist, erscheint ein Tunnel auf einem MRT-Foto, das auf der Oberseite des Kopfes liegt. (http://wikingi7.narod.ru/acons.htm).

Die Erweiterung des Wahrnehmungsbereichs durch eine erhöhte Sensibilität kann zur Selbstheilung beitragen. Es ist sehr wichtig, dass jede Aktivität selbstgesteuert und bewusst ist. Wenn es zu unkontrollierbaren Prozessen kommt, kann man beim Psychiater landen, und die Genesung wird dann schwierig sein.

Viele Menschen sind sich nicht einmal bewusst, dass ihre Sinneswahrnehmungen viel stärker sind als beabsichtigt. Die Informationen aus dem Raum werden direkt und ohne

Umweg über den Verstand aufgenommen. Heutzutage passiert es intuitiv bei vielen Menschen, und sie beginnen, Täuschungen zu erkennen. Und es spielt keine Rolle, was es ist. Es geht nur um Erkennung. So kommt es zur Schichtenbildung in den verschiedenen Gemeinschaften. Das ist weder gut noch schlecht. Dies sind die Zeiten.

So hat sich herausgestellt, dass es sich bei der Leukoareose gar nicht um die Diagnose einer seltenen Krankheit handelt, sondern um einen Indikator für die subtilen Fähigkeiten eines Menschen und deren Anwendung im Alltag. Das Schlüsselwort ist hier „bewusst".

Die Qualität der weißen Flecken hängt von der „Menge" des Bewusstseins ab. Die beobachtete Aufweichung der lokalen Struktur des Gehirns ist ein unverzichtbares Merkmal einer subtilen bewussten Verbindung mit der höheren Ebene, mit dem eigenen höheren Selbst.

Die Myelinscheiden der Neuronen, die früher isolierend wirkten, werden jetzt dünner.

Die Anzahl der weißen Flecken hängt mit der Gabe zusammen, die gerade aktiviert wird. Wenn es sich um Hellsichtigkeit handelt, werden die Teile des Gehirns, die für das Sehen zuständig sind, aktiviert (leuchten auf), und dort werden die Flecken lokalisiert sein. Wenn es sich um Hellhörigkeit handelt, werden die Teile des Gehirns aktiviert, die für das Hören zuständig sind. Die Gabe wird bei vollem Bewusstsein ihres Besitzers eingeschaltet. Es stellt sich also heraus, dass „Leukoareose" der höchste Segen ist.

Aber es gibt eine Kehrseite der Leukoareose - ein völliger Mangel an Bewusstsein führt zu einer Aufweichung des Gewebes, aber dies ist eine Frage des Rückzugs aus dem Lebensplan. Aus einer Vielzahl von Gründen.

Zusammenfassend ist es unmöglich, das schmerzlichste Thema - die Angst vor dem Tod - mit Stillschweigen zu übergehen. Ich werde es Ihnen ganz offen sagen - das ist die größte Täuschung der Menschheit.

Ich persönlich habe diese Grenze mehrmals bewusst überschritten und kann mit voller Überzeugung sagen, dass das Leben niemals endet. Es ist nur der Körper, der sich verändert. Wie ein Kleiderwechsel. Wenn du dich umziehst, tust du das jeden Tag. Dein Bewusstsein, deine Gedanken und Gefühle bleiben bei dir!

Sie betreten eine Welt, die Sie fühlen und riechen können. Ihre Familie und Freunde sind für Sie da. Ihre Hilfe ist von unschätzbarem Wert, um sich an die neue Welt und die neuen Fähigkeiten anzupassen. In der dichten Welt sind Ihre Gedanken noch dünn, und dort sind die Gedanken die wichtigste Antriebskraft.

Quarten Übergang oder positive Mutation der Menschheit

Um Zeit zu sparen, ist es wünschenswert, die Balance der Energie hier zu lernen - sie ist hier nützlich und dort noch mehr.

Die Angst vor dem Tod ist auf physiologischer Ebene durch das uralte limbische System in unseren Körper eingeprägt worden, das ausschließlich von „Schlage oder renne" - Instinkten geleitet wird. Die Physiologie auf planetarischer Ebene hat sich jedoch „plötzlich" erneuert und hilft den Menschen, sich ihrer bisher ausweglosen Situationen bewusst zu werden und intuitiv, d. h. im Dialog mit ihrem höheren Selbst, andere, richtige und unkonventionelle Entscheidungen zu treffen.

Hier sind Beispiele aus der modernen Physiologie, die die Angst vor dem Tod nicht mehr unterstützen.

Erstes Beispiel. Das Gehirn hat viele verschiedene Strukturen, eine davon ist das Corpus Callosum. Die Nervenfasern zwischen den Hemisphären sind eine

Barriere, die den Fluss elektrischer Impulse begrenzt. Wenn diese Barriere nicht vorhanden ist, sind die Bereiche direkt miteinander verbunden, ohne jegliches Kollektorsystem oder Filter.

Dabei wird ein phänomenales und unkonventionelles Gedächtnis oder eine Verbindung zu einem höheren Selbst festgestellt. (https://habr.com/ru/post/397749/).

Zweites Beispiel. Die Medulla oblongata und ihre weiße Substanz werden zunehmend aktiviert. Sie ist verantwortlich für das Gleichgewicht des physischen Körpers und der subtilen Körper - das psychische Gleichgewicht. Sie enthält sensorische „Leitungen" zum Ablesen von Informationen aus den inneren Organen. Wir können den Rhythmus unserer Atmung bewusst verändern.

Ein drittes Beispiel ist das Achtsamkeitsgen (ECM1-Gen, Urbach-

White-Krankheit). Es kommt immer häufiger vor, dass die Mandelkörper in der Struktur des Gehirns in verschiedenen Altersstufen ausfallen. Bei der genetischen Erkrankung, der Urbach-White-Krankheit, werden die Mandelkörper des Gehirns vollständig zerstört. Es gibt keine unbewusste Angst mehr, der Urinstinkt ist ausgeschaltet. Gleichzeitig versteht und bewertet der Betroffene die Situation nüchtern. Es gibt keine Probleme mit dem Gedächtnis, der körperlichen und geistigen Entwicklung. Sie sind vollwertige, kreative Menschen.

Professor Eric Kandel erhielt im Jahr 2000 den Nobelpreis für Medizin. Die Essenz seiner Arbeit ist, dass alle Körperfunktionen von unserer Interaktion mit dem Leben abhängen, und zwar in jeder Hinsicht. (http://nobeliat.ru/laureat.php?id=394). Dazu gehört auch die Immunität. Wie man denkt und fühlt, so manifestiert man es.

Quarten Übergang oder positive Mutation der Menschheit

Unser ganzer Körper ist fähig, zu fühlen. Der Gedanke und sein biologisches Äquivalent (das Neuron) stellen Proteine und Zellen her oder nehmen sie weg. Auf diese Weise hört der Mandelkörper auf zu existieren. Das heißt, die Menschen begannen sich zu fragen: Was macht ihnen Angst? Was ist wirklich los? Und oft ist dieses Nachdenken nicht im Sinne des Mandelkörpers, der nur auf Angst und Panik programmiert ist. Die bewusste Reflexion hat das Organ entmaterialisiert.

Die Panikattacken unbewusster und daher unkontrollierbarer Angst funktionieren bei Menschen mit der Urbach-White-Krankheit nicht, weil jede Angst erfordert der Mandelkörper (Amygdala), den sie nicht haben.

Was ist mit Menschen, die über ein vollständiges „Set" von Gehirnsystemen verfügen? Sie müssen anfangen, selbständig zu leben und die Verantwortung für ihre Gedanken und

Gefühle zu übernehmen, die zu den Ereignissen führen.

Und nun etwas sehr Interessantes.

Die weißen „Flecken" des Gehirns summieren sich zu weißer Substanz, die zum neuen Kontrollkreislauf wird. Es erwirbt die Eigenschaften eines Leiters von Impulsen extrem hoher Reichweite - in alten Handschriften wurde dieser Zustand kosmisches Bewusstsein genannt – „psychisches Gehirn" oder „Superhirn von Medium". Und er beginnt sich nicht nur bei Erwachsenen, sondern auch bei Jugendlichen und Kindern zu manifestieren. (Erkenntnis des Bewusstseins: Russische Wissenschaftler untersuchen tantrische Meditation. 16. Januar 2020).

Das Gehirn ist die Station, durch die die Energie des Bewusstseins fließt. Wir denken mit Licht, und wir selbst sind aus Licht gemacht. Das ist der Beweis für die verborgene Kraft des Menschen. Und die weißen Flecken, die elektrischen Impulse, die Pseudo-Gehirnleukämie sind der physische Beweis.

Wissen Sie, welche anderen Kategorien von Menschen ein ähnliches „Internet"-Hauptnetz haben, das z. B. tief in den visuellen Kortex reicht? Und diese Leitung ist gigantisch. Diejenigen, die als autistisch bezeichnet werden, haben sie. Obwohl es aufgrund der Begabung eines autistischen Kindes oder Erwachsenen in einem bestimmten Bereich korrekter ist, sie als Savants zu bezeichnen. Sie brauchen Akzeptanz, keine Behandlung.

Autismus ist keine Krankheit. Diese Menschen kommen mit einem bewussten Ziel und sind geschärft, um es zu erfüllen. Das Konzept der Normalität gibt es nicht.

Beweis für die Existenz Gottes

Der erste Beweis

1997 wurde in einer Monografie des baschkirischen Professors Najip Valitov anhand strenger Formeln eindeutig bewiesen, dass alle Objekte im Universum unabhängig von ihrer Entfernung sofort miteinander wechselwirken. Dies wurde theoretisch begründet und experimentell bestätigt.

Polarisierende Wellen wurden bereits 1996 von Professor Nikolai Dmitrijewitsch Kolpakow entdeckt.

http://materia.org.ua/ru/archive/5/Atomic.jpg
http://gazetangn.com/archive/ngn0612/kolpakov.html

Zweiter Beweis

Elektromagnetische Wellen werden obligatorisch von der Emission von Polarisationswellen begleitet. Und die Gravitation entpuppt sich als eine Quantenwechselwirkung, die eine Verflechtung, also die Vereinigung von allem mit allem, bewirkt.

Dies war die grundlegende Entdeckung des Jahres 2018 und ein völliges Scheitern der klassischen Beschreibung. Die Relativitätstheorie hat ihre Vorrangstellung verloren. Es ist nur wahr, wenn alles in der Welt relativ ist.

Außerdem sind p-Wellen und Torsionsfelder ein und dasselbe Phänomen - Signale nicht-elektromagnetischer Natur, äther-akustisch. Informationen werden durch diese Wellen augenblicklich übertragen. Aus ihnen wird ein vereinigtes Bewusstseinsfeld „gefaltet", manifestiert - die einheitliche Höhere Macht. Es ist keine Übertreibung zu sagen, dass ein weiser Mensch das gesamte Universum mit seinem Geist umschließen kann. Die P-Wellen kommen nicht nur von den Sternen, sondern auch vom Menschen selbst. Denn die Natur dieser Energie ist dieselbe.

Wenn man darüber nachdenkt, sind wir alle - Teilen des einen Feldes, des Geistes oder des Herzens Gottes. Wir sind also eins. Ich meine sowohl wir als auch Gott und wir im Gott. Und in jedem Menschen lebt ein Teil Gottes. Wir sind alle von Natur aus göttlich. Nur wir haben das vergessen.

Wer das Tor zu den geistigen Welten durchschreiten will, muss sich in einen Zustand des inneren Gleichgewichts bringen - körperlich, emotional, mental und spirituell. Dies ist eine Voraussetzung für den harmonischen Fluss dieser Energie.

Jeder Mensch hat seinen eigenen einzigartigen, individuellen Kanal oder sein eigenes Spektrum dieser Wellen. Das

Gehirn arbeitet mit dieser Energie, Gedanken sind materiell.

Der dritte Beweis

für Gottes Vorsehung ist eine Veränderung der menschlichen Physiologie.

In unseren Zellen ist ein Quanten-Biocomputer aktiv, der die optimalen Energieströme bestimmt - die Mikroröhren. Die Anzahl der verarbeiteten Varianten der Energieabfolge beträgt Hunderte und Tausende von Millionen pro Sekunde.

Quanteneffekte im Nervensystem beweisen den Beginn eines einzigen Bewusstseinsfeldes.

(Malinetsky G.G. Synergetik. Von der Vergangenheit zur Zukunft. №60. Der Raum der Synergetik. Ein Blick von oben. M.: URSS, 2013, 2017).

Dies ist das Ergebnis eines Wandels in der Biochemie. Die alte, auf obligatorischem zellulärem Stress basierende, hört auf zu sein. Und die neue - für die Schöpfung und das aktive bewusste Schaffen - manifestiert sich. Das heißt, es gibt sowohl das Alte als auch das Neue.

Informationen für das Herz

Der einfachste Beweis, dass Gott in uns ist

Erster Schritt. Zeichne einen Punkt an die Wand - der Punkt gehört zur Wand - die Wand zum Zimmer - das Zimmer zum Gebäude - das Gebäude zur Stadt - die Stadt zum Planeten - der Planet zum Sonnensystem - das Sonnensystem zur Galaxie - die Galaxie zur Metagalaxie zum Universum - das Universum zum Multiversum - das Multiversum zu der Kraft, die es erschaffen hat, Gott.

Zweite Stufe. Der gleiche Punkt im Selbst - der Punkt gehört zu mir - ich gehöre zur Familie - Familie zum Stamm - Stamm zur Menschheit - Menschheit zum Planeten - der Planet ... zu Gott.

Der beste Beweis dafür ist, Gott in deinem Herzen zu erfahren. Dieses Gefühl und das Wissen um sich selbst sind ein

Quarten Übergang oder positive Mutation der Menschheit

und dasselbe. Es wird oft gesagt, dass man sich selbst verstehen muss. Die Raffinesse liegt darin, wie man es tatsächlich tut, wie man es selbst erforschen kann, ohne Vermittler. Und ohne Meditation. Erzählen?

Jeder Mensch hat einen Tempel seiner Seele. Er ist lebendig, man kann und sollte mit ihm sprechen. Er kann Ihnen die wichtigsten Punkte im Leben zeigen, denen Sie dringend Aufmerksamkeit schenken müssen.

- Entspannen Sie sich, lehnen Sie sich zurück, machen Sie es sich bequem. Schließen Sie die Augen. Sitzen Sie einfach eine Weile in der Stille.

- Und nun bitten Sie Ihr höheres Selbst, Ihnen den Tempel Ihrer Seele zu zeigen. Wie ist er aufgebaut? Schaut, ohne Eile, lernt ihn kennen.

Der neue Körper

Unser Körper auf der feinstofflichen Ebene hat sich völlig verändert. Er ist vollständig auf die Quantenanteile der DNA abgestimmt, die alles über die geistige und zelluläre Entwicklung des Menschen weiß. Das angeborene System befindet sich in jeder Zelle des Körpers und in jedem DNA-Molekül. Es sendet ständig seinen eigenen „Radiosender" aus.

Um unseren Körper herum pulsiert ein Quantenfeld, das sehr klare Impulse mit multidimensionalen Informationen aussendet, darunter auch Informationen über den Gesundheitszustand des Körpers. Viele Menschen haben die Fähigkeit, dieses Feld zu sehen und zu lesen.

Wir leben in einer erstaunlichen Zeit, in der das Höhere Selbst, das angeborene und das menschliche Bewusstsein - die drei menschlichen Energien - beginnen, sich zu vereinen und den multidimensionalen Geist von Mensch-Gott zu manifestieren. Spirituelles Überleben im wahren Sinne ist in der neuen Welt relevant geworden. Es bringt die wahre spirituelle Evolution der Menschheit voran, indem es sicherstellt, dass die DNA auf einer höheren Ebene funktioniert.

Beispiele für Erscheinungsformen im Körper

Es wurde ein spezieller Antikörper gefunden, der die Programme in Zellen verändert und sie in Stammzellen verwandelt, ohne die DNA zu verändern – „Moleküle der Jugend" oder unsterbliche Zellen. Diese Arbeit wurde am 8. Oktober 2012 mit dem Nobelpreis ausgezeichnet.

Es war auch festgestellt, dass diese Moleküle bei den Forschern, die diese Tatsache leugnen, nicht gefunden werden und die Reaktion, sie zu produzieren, nicht ausgelöst wird. Die Korrelation zum Bewusstsein ist direkt. Und darüber streiten sich die Forscher bis heute.

Wussten Sie, dass Lachen das Bewusstsein verändert? Das Bewusstsein arbeitet in einem grafischen Modus. Lachen schafft ein klares „Bild" und verändert buchstäblich die Art und Weise, wie wir die Welt um uns herum sehen.

Jedes Auge sendet ein Bild an eine andere Hemisphäre des Gehirns. Dabei wechselt das Gehirn regelmäßig und unmerklich seine Aufmerksamkeit zwischen den beiden Bildern - binokulare Konkurrenz. Bei einer Depression nimmt sie zu.

Was sollten Sie tun, damit diese „Konkurrenz" verschwindet? Lächeln. Lachen Sie. Lachen verlagert die Aufmerksamkeit und baut Stresshormone ab.

Zu diesem Zeitpunkt können Sie mit beiden Hemisphären gleichzeitig sehen. Der Prozess des Wiederaufbaus vieler Dinge in Ihrem Körper beginnt. Die planetarische Verjüngung ist erst der Anfang. Und es ist bereits wissenschaftlich bewiesen.

Im Epithel unter dem Nagel befinden sich Gruppen von speziellen Stammzellen. Sie haben begonnen, ein Gen zu aktivieren, das für ein Protein namens Wnt kodiert, das während der Embryonalentwicklung arbeitet und dann in den Schlaf geht. Jetzt wacht es auf.

Dieses Protein diente nur dazu, den Nagel zu reproduzieren. Wie ein Perpetuum mobile. Niemand hat untersucht, warum die Nägel immer wachsen. Seit November-Dezember 2013 ist es plötzlich aktiviert und überall im Körper zu finden - im Epithel, im Haar, das neuronale Netz ist mit diesem Protein versehen, im Magen ist es plötzlich aufgetaucht. Woher kommt es, was macht es dort? Es stellte sich heraus, dass es zu einem absolut einzigartigen, uralten Code-Set gehörte, einer sich selbst reproduzierenden menschlichen Genstruktur. Kurz gesagt, ein Zauberstab. Und so begann dieser Zauberstab, sich an den Stellen zu aktivieren, die wiederhergestellt werden mussten. Wenn es sich um den Darm handelt, begann er an der richtigen Stelle zu erscheinen und das Darmepithel wiederherzustellen. Wenn es sich um einige Kapillaren des Gehirns handelt, dann erschien er dort. Dies ist eine sehr praktische Sache in der Reihe der planetarischen Verjüngung. Bewusste!!! Ich meine, er weiß, wo er hinkommen muss, und wir wissen nicht, welche Nuancen wir in unserem Körper haben. Man muss einfach dieser neuen Arbeitsstruktur vertrauen und sie vertraut uns.

In jedem geschädigten Bereich des Körpers werden Nervenzellen des goldenen Netzes, Proteus, angezogen, die die Lebensfähigkeit des Gewebes wiederherstellen. Proteus ist die Lebenskraft eines jeden Menschen.

Eine Folge des neuen Energieprozesses in unserem Körper ist der Abbau von Fetten zu Glukose und anderen Substanzen, die an den neuen biochemischen Reaktionen beteiligt sind. Zurzeit wird überschüssige Glukose in Fett umgewandelt. Es gibt keine umgekehrte Umwandlung - die Zersetzung von Fett in Glukose, Aminosäure oder Aminosäure. So wurden wir gebaut. Aber die Biochemie ist nicht mehr dieselbe. Jetzt wird das Fett allmählich in Glukose umgewandelt.

Dabei beginnt der Prozess der Regeneration. Die Haut strafft sich, die Magen-Darm-Funktion wird normalisiert - die Fettverdauung ist vollständig, nicht nur in kleinen Teilen wie zuvor. Der echte Zellstoffwechsel wird wiederhergestellt und führt zur Genesung.

Die molekulare Logik der früheren Biochemie beginnt zu versagen. Aber die entstehenden Mutationen werden sofort von der neuen DNA-81 (mit dem 81 Codon) aufgegriffen und entfalten sich auf eine völlig andere Weise. Ein neues Stickstoffgleichgewicht auf Aminosäuren und Prolin als Hauptvertreter ist geboren. Ohne Prolin ist keine Form der organischen Welt möglich - ohne Prolin würden wir alle zu Pfützen zerfließen. Die starre Form der Proteine oder die geformte Proteinmasse ist sein Werk. Was hier geschieht, ist wirklich beispiellos, göttlich.

Es wurde ein weiteres neues Organ im menschlichen Körper entdeckt, das für die schnelle Immunität verantwortlich ist, genauer gesagt, die Speicherung von B-Lymphozyten. Wissenschaftler wissen seit langem von der Existenz der sogenannten Gedächtnis-B-Zellen, einer langlebigen Unterart der B-Lymphozyten. Was bisher fehlte, wo „leben" die Gedächtniszellen, wenn der Körper nicht krank ist.

Quarten Übergang oder positive Mutation der Menschheit

Aber wo? Ursprünglich dachte man, dass sie sich in den Lymphknoten befinden, aber das war nicht ganz richtig. In einer Studie über die Struktur der Lymphknoten haben Experten in Australien kleine Knötchen direkt über den Lymphknoten gefunden, die buchstäblich voll mit B-Zellen sind.

Außerdem ist die neue Struktur nicht nur ein „Lager" von Zellen. Sie ist der Ort, an dem Zellen in Plasmazellen umgewandelt und Antikörper zur Bekämpfung von Krankheiten ausgeschüttet werden. Die Entdeckung wurde mithilfe eines biphasischen Lasermikroskops gemacht. Die neue Struktur, die als „Subkapsulärer proliferativer Fokus" bezeichnet wird, konnte dank ihrer starken Vergrößerung und Visualisierung sichtbar gemacht werden.

Es gibt eine uralte Prophezeiung, dass die Menschen mit ihren physischen

Körpern in eine neue Welt mit hohen Schwingungen der Liebe und Freude übergehen werden. Verändert ja, aber - physisch! Für die Menschheit auf dem Planeten ist dies die Zeit, in der sich genau diese Veränderung auf der tiefsten, grundlegenden Ebene vollzieht. Die Menschen wachen aus ihrem aufgezwungenen Denken auf und beginnen, ihre Realität bewusst zu erschaffen - mit ihren Gedanken und Gefühlen. Sie lernen zu unterscheiden und nach ihrem Herzen zu wählen, das sich jetzt ebenfalls öffnet. Und eine andere Biochemie, die noch nicht ganz neu ist, beginnt Licht zu geben.

Was ist die Merkaba? Kann man sie sehen?

Die Energie eines Menschen erstreckt sich 8 Meter außerhalb des Körpers. Es ist keine Aura, sondern die Arbeit der aktiven DNA. Es ist eine Merkaba. Frei aus dem Hebräischen übersetzt: „Das Ding, was sie reiten". Oder „Quantennebel", das aktive Bewusstsein der DNA.

Er ist wie ein kreisförmiger Regenbogen. Der Unterschied zwischen den Regenbögen des gewöhnlichen Menschen und des Meisters ist die Helligkeit und Sättigung der Farben. Dieser Nebel ist deine Kraft. Du kannst sie bereits sehen! Es ist echte Energie! Die Essenz Gottes in euch. Der göttliche, höchste Aspekt der Schöpfung. Und ob sie es wollen oder nicht, ihr müsst das anerkennen.

Der Körper gibt Energie ab, die von thermischer Energie bis hin zu kurzen Gammastrahlenausbrüchen reicht. Zwei starke Laserstrahlen „leuchten" aus den Augen und sammeln Informationen. Die DNA klingt und leuchtet in sehr hohen Frequenzen. Sie steht in Resonanz mit dem gesamten Kosmos. Und das alles hat mit der menschlichen Radioaktivität zu tun. Aber das hat man Ihnen nicht gesagt. Übrigens auch Uranelementen in kleine Dosen sind im menschlichen Körper vorhanden.

Strahlung ist normalerweise für den Körper notwendig. Denn er ist ein Aspekt eines einzigen, globalen Bewusstseins. Aspekte der kosmischen multidimensionalen Aura des Schöpfers. Das Bewusstsein ist strukturiertes Licht. Erwachtes multidimensionales Bewusstsein (höhere Aspekte des Gehirns) sendet Gammastrahlung aus. Manchmal kann dieses Spektrum gesehen werden.

Wenn die Energiebarriere der Weisheit erreicht ist, bricht das alte Paradigma des Bewusstseins zusammen. Ein neues Bewusstsein - das intuitive Denken eines reifen Menschen - beginnt sich zu manifestieren. Bewusstsein ist, wie Schwerkraft und Magnetismus, Quantenenergie. Es ist der Klebstoff für die Existenz des Lebens. Wenn es eine

Formel für das Leben gibt, dann ist es das Bewusstsein.

Das griechische Wort „physis" bedeutet die Essenz der Dinge. In der Wissenschaft gibt es so etwas wie „Spiritualität in der Physik" nicht. Die Wissenschaftler sehen sie noch nicht. Aber die Physik verbindet alles Wissen. Die mehrdimensionale Quantenphysik ist das Herz der Realität und der Spiritualität.

Wenn man über die üblichen Dimensionen hinausgeht, wird alles dynamisch. Das Studium der Quantenstrukturen führt zur Entdeckung neuer Gesetze, was der Beginn des Verständnisses von Spiritualität in der Physik und der Erkenntnis der Göttlichkeit in der Materie ist.

Mystik ist eine Art Blick über den Horizont hinaus. Viele mystische Lehren sagen, dass es keinen Unterschied zwischen Gedanken und Objekten gibt.

Alles in der Welt ist von Energie erfüllt.

Das Universum antwortet auf Gedanken.

Energie folgt der Aufmerksamkeit.

Worauf du deine Aufmerksamkeit richtest, beginnt sich zu verändern.

Informationen für Kritiker

Es gibt eine überzeugende Antwort auf die beiden Hauptgegenargumente der Gegner dieser Richtung. Diese sind?

Das Erste. Die Unwiederholbarkeit der meisten experimentellen Ergebnisse.

Das Zweite. Der Mangel an Erklärungen.

Daran ist nichts mehr auszusetzen. Die Synthese ist offiziell anerkannt.

Noch einmal: Solche Prozesse gibt es nicht nur in einzelnen mikrobiologischen Kulturen, sondern auch im menschlichen Körper. In allen seinen Systemen und allen Zweigen dieser Systeme. Darüber hinaus wurde eine weitere experimentelle Bestätigung vorgenommen - die Erzeugung von flüssigem Licht durch biologische Gewebe. Dieses Material ist in der Trilogie „Biochemie" zu finden.

Zu unserer Biochemie gehört nicht nur die Alchemie mit den Energien des Jenseits, sondern auch die Alchemie des Bewusstseins. Je mehr wir uns selbst kennen, desto mehr kennt uns das Jenseits. Und so entsteht die Magie, die wir studieren müssen. Wir stehen an der Schwelle zu erstaunlichen Entdeckungen.

Positive Mutation der Menschheit

Eine Mutation (lat. mutatio - Veränderung) ist eine dauerhafte Veränderung des Genoms. Das heißt, eine Veränderung, die an die Nachkommen einer Zelle oder eines Organismus vererbt werden kann. Der Begriff „Mutation" wurde 1901 von Hugo De Fries eingeführt, einem niederländischen Botaniker und Genetiker, einem Wissenschaftler, dessen Kenntnisse und Beobachtungen die Mendelschen Gesetze aufdeckten.

Er war es, der das moderne Konzept der Mutation formulierte und auch die Mutationstheorie entwickelte. Aber etwa zur gleichen Zeit wurde sie von unserem Landsmann Sergej Korschinski im Jahr 1899 formuliert.

Mutationen entstehen unter dem Einfluss äußerer Faktoren - ultraviolettes

Licht, Röntgenstrahlen usw. Und heutzutage gilt das auch für das menschliche Bewusstsein. Oder besser gesagt, die Qualität der gelebten Gefühle und Gedanken, die bewusste Einbeziehung in den Fluss des Seins. Negative Gefühle und Gedanken belasten den Körper und bilden einen Energiestau, der zu Stagnation und Krankheit führt. Positive Gefühle und Gedanken regenerieren die Zellen und den Körper.

Die Veränderungen in der menschlichen Physiologie vollziehen sich völlig unbemerkt inmitten einer Flut von Informationen aller Art über Quantenübergänge. Die physiologischen Veränderungen werden weder in den Medien noch in den Channelings erwähnt, außer in allgemeinen Begriffen. Die Aufmerksamkeit des Menschen ist auf andere Dinge gerichtet, aber nicht auf seinen eigenen Körper. Warum ist es so wichtig, einen gesunden physischen Körper zu haben? Weil die alten

Prophezeiungen von einer Zeit sprachen, wo der Gott die planetarische Menschheit gerade in physischen Körpern zum Aufstieg führen würde. Heute erleben wir den Beginn dieses Experiments.

Es ist kein Geheimnis, dass wir in einer turbulenten Zeit des Übergangs leben, in der es sehr wichtig geworden ist, harmonisch denken zu können. Zu diesem Schluss kommen Wissenschaftler und Esoteriker gleichermaßen.

Veränderungen in der Physiologie lassen sich durch eine Vielzahl von Entdeckungen nachvollziehen, die wie aus dem Füllhorn in die Köpfe der Forscher gepflanzt werden. Auf der Suche nach den richtigen Informationen kann man nicht auf eine starke und wechselseitige Verbindung mit dem eigenen göttlichen Selbst verzichten.

Und dadurch kommt es auch zu einer Verschmelzung von Wissenschaft und Esoterik. Und es geht nicht um die

Propaganda von irgendwelchem Wissen, sondern um eine wirkliche Veränderung in der Physiologie und im Bewusstsein. Die Zellen wachen auf, das zelluläre Bewusstsein, der Geist wacht auf. Der Mensch wacht auf. Diejenigen, die die Notwendigkeit der Reinheit des physischen Körpers leugnen, bleiben allmählich zurück.

Wie kann das sein, werden Sie sich fragen. Was ist mit den Veränderungen in der Physiologie? Da haben Sie natürlich recht. Diese Veränderungen sind wie eine neue „Verkabelung" im Körper. Aber um sie umzuschalten, muss man den „Schalter" betätigen. Und das ist eine bewusste Aufnahme in den Strom des Seins.

Es ist kein Geheimnis, dass sich viele Menschen in die Spiritualität gestürzt haben, um dem Unfrieden in der Familie, den schlechten Beziehungen zu den Kindern, den Krankheiten und schwierigen Situationen zu entkommen. Es ist sogar eine Modeerscheinung geworden.

Dies ist jedoch keine Spiritualität. Es ist Pseudo-Spiritualität, ein Spiel des irdischen Geistes. Die Menschen glauben, sie wüssten etwas, sie jonglieren ganz geschickt mit Begriffen. Aber dann kommt irgendeine Situation und es stellt sich heraus, dass alles ganz anders ist. Wer ist daran schuld? Der Blick ist nach außen gerichtet, aber der wahre Grund liegt immer im Inneren.

Wie stellt man auf eine neue Physiologie um?

Physiologie und wahre Spiritualität sind untrennbar miteinander verbunden. Das eine ist eine Erweiterung des anderen. Veränderungen in der Physiologie werden aus der subtilsten aller feurigen Schwingungen, der „bedingungslosen Liebe", gewoben. Und um auf die neue „Verkabelung" umzuschalten, muss man die Mindestanforderungen an die Reinheit der Gedanken erfüllen.

- Bedingungslose Liebe ist in erster Linie Liebe zu dir selbst, mit all deinen Eigenheiten und Fehlern. Sie befähigt dich, jeden Menschen, dem du auf deinem Weg begegnest, wirklich voll und ganz zu akzeptieren, so wie er oder sie ist. Es ist die Fähigkeit, Abstand zu halten, um die goldene Mitte in der Beziehung zu einem Menschen zu finden, die Ihnen hilft, je nach Situation zu manövrieren. Übermäßige Emotionen, ob positiv oder negativ, sind weder für Sie noch für die Menschen, mit denen Sie eine enge Beziehung haben, gut.

- Es ist Respekt vor der Meinung anderer Menschen, egal wie „falsch" sie Ihnen erscheinen mag. Leider stirbt die Wahrheit im Streit. Die Wahrheit entsteht in den Tiefen eines jeden Menschen, basierend auf seinen eigenen Erfahrungen und Beobachtungen des Lebens und der Menschen. Lassen Sie daher die Menschen ihre Lektionen lernen, auch wenn es um Ihre Angehörigen geht.

- Es ist das Verständnis, dass jeder ein Recht auf Existenz hat. Wenn Sie ihn oder sie nicht mögen, gehen Sie einfach zur Seite. Und wenn Sie nicht die Möglichkeit haben, überhaupt nicht mit ihnen zu kommunizieren, beschränken Sie es auf ein Minimum. Aber tun Sie es nie trotzig, um niemanden zu beleidigen. Und das Wichtigste: Verurteilen Sie ihn nicht einmal in Gedanken.

- Versuchen Sie, das Beste an einer Person zu finden, ihre beste Eigenschaft, und konzentrieren Sie sich nur darauf und vergessen Sie all ihre Schwächen. Sie werden überrascht sein, wie schnell er sich ändern wird und selbst die schwierigste Beziehung kann sich zu einer echten Freundschaft entwickeln.

- Und vergessen Sie die Kritik. Das ist eine Sackgasse, um eine Beziehung zu entwickeln, die ihr

Fundament von Anfang an untergräbt und sie mit Energien der Konfrontation füllt.

Bedingungslose Liebe in ihrer reinsten Form ist die vollständige Verschmelzung der menschlichen Seele mit dem universellen Geist - dem ewigen und unendlichen Ozean der Liebe. Göttliche energetische Unipolarität. Die Welt und wir alle müssen dies erst noch begreifen.

Die bewusste Einbeziehung in den eigenen Seins-Strom ist der „Schalter", mit dem der wahre Weg zum Aufstieg beginnt. Und zwar zu sich selbst und im physischen Körper.

Was passiert im Körper, wenn man sich im Alltag bewusst verhält?

Die Gehirnaktivität beginnt eine Sekunde vor der körperlichen Aktion. Manchmal sogar früher. Einbindung in den persönlichen Fluss des Seins.

Mehrdimensionales volumetrisches Denken wird durch ethische Navigationsneuronen (Sternenhimmelneuronen) ermöglicht. Temporallappen des Gehirns und entorhinaler Kortex arbeiten auf neue Weise, und neue Sinne - Raumgefühl und Magnetrezeption, Magnetfeldsinn und Orientierung - werden aktiviert.

Seit 2012 hat der präfrontale Kortex - das Gehirn hinter dem Stirnbein - begonnen, sich zu vergrößern. Mit anderen Worten: Unsere Physiologie ist bereit für die bewusste Teilnahme am Leben. Was sie daran hindert, ist die Angst des Menschen, über die gewohnte Bequemlichkeit hinauszugehen.

Und nun direkt über die globale positive Mutation der planetarischen Menschheit.

Die Natur ist schlau - sie macht Entdeckungen in der Physiologie, wenn die Phänomene, auf denen die Entdeckung beruht, bereits in unseren Zellen am Werk sind. Auch das ist der Plan Gottes. Damit die Menschen sich mit ihrer Klugheit nicht stören, vor allem nicht sich selbst. Und in der Stille findet ein großes Geheimnis statt.

Am 25. April 2018 gaben Wissenschaftler in Australien die Entdeckung einer neuen Art von DNA mit überraschenden Eigenschaften offiziell bekannt (http://genetics-info.ru/stati/250418-newstructure.html). Diese Entdeckung des „verworrenen Knotens" der DNA in lebenden Zellen bestätigt, dass unser komplexer genetischer Code mit einer komplizierteren Symmetrie aufgebaut ist, als wir zu denken gewohnt sind. Es handelt sich nicht um eine einfache Doppelhelix. Und die Formen, die die untersuchten molekularen Variationen annehmen, beeinflussen sehr stark unserer Biologie.

„Wenn die meisten von uns an DNA denken, stellen wir uns eine Doppelspirale vor", sagt Daniel Christ, ein Forscher für therapeutische Antikörper am Garvan Institute für medizinische Forschung in Australien. „Diese neue Studie erinnert uns daran, dass es ganz andere DNA-Strukturen gibt, die für unsere Zellen genauso wichtig sind."

Der neu entdeckte DNA-Bestandteil wird als Insertion-Motiv-Struktur (I-Motiv, von Word interkaliert = eingefügt) bezeichnet. Das I-Motiv wurde erstmals in den 1990er Jahren von Forschern entdeckt und war bis dahin nur im Labor, aber nie in lebenden Zellen beobachtet worden. Heute wissen wir, dass das I-Motiv auch in lebenden Zellen vorkommt.

Das I-Motiv ist ein Vierfach-Helix-Knoten der DNA - erklärt der Genomik-Spezialist Marcel Dinger, Co-Autor der Studie. In der Knotenstruktur binden sich die Cytosin-Buchstaben eines DNA-

Strangs aneinander. Sie unterscheidet sich also stark von der Doppelhelix, in der sich die „Buchstaben" der gegenüberliegenden Stränge gegenseitig erkennen und in der sich Cytosin an Guanin bindet.

Das I-Motiv ist die einzige der wenigen DNA-Strukturen, an der nur ein Strang beteiligt ist, im Gegensatz zur A-DNA, Z-DNA, Triplett-DNA und kreuzförmigen DNA, die ebenfalls in unseren Zellen vorkommen können.

Die Entdeckung deutet darauf hin, dass zeitliche i-Motive erst spät im Zelllebenszyklus (späte G1-Phase) gebildet werden, wenn Informationen aktiv gelesen werden, um neue Zellen zu manifestieren. Dies ist ein sehr wichtiger Moment, in dem der über Jahrhunderte gebildete Genotyp ganz bewusst positiv beeinflusst wird. Auf diese Weise werden Befehle ersetzt und schwere Krankheiten - Onkologie, Blutkrankheiten, Erkrankungen des Nervensystems -

ausgeschaltet. Aber mit einer wichtigen Einschränkung - WENN DAS MENSCHLICHE BEWUSSTSEIN ES ERLAUBT.

Es ist auch bekannt, dass I-Motive vor allem in Promotor-Regionen - Regionen der DNA, die das Ein- und Ausschalten von Genen steuern - und in Telomeren, die mit der Alterung in Verbindung stehen, gebildet werden. Es wurde mit hoher Wahrscheinlichkeit (ca. 98 %) festgestellt, dass der neue DNA-Typ 81 Codons anstelle der 64 bekannten enthält.

Die Studie wurde in der Zeitschrift Nature Chemistry veröffentlicht. DOI:10.1038/s41557-018-0046-3. Quelle: zen.yandex.ru.

Wie geht es weiter? Und dann begann eine alternative Studie durch den Autor des Artikels. Der Ausgangspunkt der Forschung - eine hohe Wahrscheinlichkeit 81 Codon neue Art von DNA. Warum ist neue DNA so wichtig? Weil sie die Basis für das Christus-Bewusstsein der Menschheit ist. Zum Vergleich. Ein Codon ist eine diskrete Einheit des genetischen Codes aus drei aufeinanderfolgenden Nukleotiden.

Für das Doppel-Helix-Molekül DNA, das den Code des Lebens und das Rückgrat des biologischen Universums darstellt, haben zahlreiche Forscher die Verbindung zu altem Wissen aufgespürt. Es handelt sich um das chinesische Buch der Wandlung, in dem 64 Zeichen (Hexagramme) gefunden wurden, die mit den 64 Codons der bekannten DNA identisch sind.

Und auch der Tzolkin-Kalender der Maya, dessen Erforscher José Argüelles war. Alle diese Systeme - Maya Tzolkin, DNA und I Ging - beziehen sich auf Modelle des Gedächtnisses. Genauer gesagt, auf das menschliche Bewusstsein. Eigenartige genetische Codes, die unsere

Wahrnehmung der Welt und unserer selbst bestimmen, eine binäre Welt – „schlecht-gut", eine Welt der Dualität und des Urteils. Eine geschlossene Welt. Das Auftauchen einer neuen Art von DNA öffnet die Tür zu einer Welt ohne Dualität.

Nach der Entdeckung der DNA im Jahr 1953, der Strahlungsgürtel und der Bestätigung der Verschiebung der tektonischen Platten im Jahr 1964 begann eine innere Auflösung der gegenwärtigen Mentalität - für den Übergang der Menschheit zum Begreifen eines neuen Paradigmas, einer neuen Mentalität, die auf einer realisierten einzigen Resonanzstruktur des Menschen, der Erde und des Kosmos beruht. Allmählich begann sich das menschliche Akupunkturnetz zu verändern.

Das chinesische Buch der Wandlungen I-Ching ist aus seiner alten, früheren Quelle „hervorgegangen". Es ist ein handschriftlicher „Kanon des Großen Mysteriums der Wandlungen" mit 81 Hieroglyphen.

Der Maya-Tzolkin-Kalender basiert auf 64 Codons. Symbolisch (grafisch) spiegelt er die Wellenform der modernen Doppelhelix-DNA wider. Und auch den Teil davon, der als mitochondriale DNA in Form eines Rings oder Armbands bezeichnet wird. Der geschlossene Umriss dieser DNA (mtDNA) weist auf ihren energetischen Verschluss hin, den eigentlichen „Damm", der die Entwicklung der Menschheit für eine sehr lange Zeit aufgehalten hat.

In der mtDNA übrigens sind die fehlerhaften Gene für alle Erkrankungen des Nervensystems gespeichert. Eine Art Fundgrube für schwere Krankheiten. Und diese mtDNA wurde ausschließlich über die weibliche Linie weitergegeben. Sie war verantwortlich für die kurze Lebensdauer, die schnellen Reinkarnationen und die rasche Anhäufung von Erfahrungen mit dem Leben in der geschlossenen Welt der Dreidimensionalität.

Ursprünglich basierte das I-Ching-System auf dem 81sten Trigramm. Die Variante mit 64 Hexagrammen ist eine spätere Darstellung des Wissens über die Welt. Ein weiterer „Zufall" ist, dass das Buch der Wandlungen 64 Hexagramme enthält, während das Buch „Das große Mysterium der Wandlungen" 81 Hexagramme beinhaltet.

Urteilen Sie selbst: Wenn 64 Hexagramme 64 Codons der DNA bedeuten, dann bedeuten 81 Hieroglyphen auch 81 Codons und eine völlig andere DNA als die moderne. Nicht nur größer, sondern auch multidimensionaler. So war auch das Bewusstsein der Menschen früher stärker in ihr Leben einbezogen.

Was für die DNS-64 eine Zerstörung ist, ist für einen neuen Typ von DNS-81 eine positive Mutation vor. Natürlich wird der neue Typ von DNA-81 auf dem „Material" der bekannten DNA-64 gebildet. Damit bleibt fast die gesamte notwendige Biochemie übrig. Außer in den kürzesten Intervallen, wenn 17 neue Elemente in den Körper eindringen und den aufnahmebereiten Organismus mit vielfältigen Impulsen befruchten. In diesem kurzen Moment ist die DNA-81 (64+17=81) vollständig manifestiert. In diesen Momenten laufen Kaskaden von Streureaktionen ab, und es bildet sich das Dreiwasserstoffkation, einer der Hauptträger des biologischen Lebens.

Die Kombination der Statik der DNS-64 und der Dynamik der DNS-81 manifestiert ein flexibles multidimensionales System der Körpererneuerung - ja, wenn das Bewusstsein es zulässt. Für diejenigen, die sich über ihre Instinkte erhoben und ihr Herz vollständig geöffnet haben. Es gibt ein gegenseitiges Pulsieren der beiden DNAs, eine gegenseitige Durchdringung und eine gemeinsame Geburt neuer Elemente.

Diese wurden im frühen chinesischen Buch „Das große Geheimnis der Veränderung" beschrieben. Das Neue stößt das Alte nicht ab. Es löst selektiv die alten chemischen Bindungen auf und bringt neue Resonanzwege hervor. Und für einen kurzen Moment manifestiert sich die heilige spirituelle Essenz der Materie, die eins mit dem Raum in seinem abstrakten Sinn ist.

Ein wahres Wunder der zellulären Transformation findet statt. Es handelt sich noch nicht um einen Lichtkristallkörper, aber um seine Anfänge. Die höheren Mächte tun das Undenkbare - sie verändern unsere Physiologie, ohne unsere physische Existenz zu beenden. Es ist, als würde man einen Floh beim Springen mit Hufeisen beschlagen.

Die Raffinesse der Biochemie besteht darin, dass aromatische Kohlenwasserstoffe ihre Bindungen ändern. Aber die Natur ändert nicht blindlings „Buchstabe" zu „Buchstabe". Sie überarbeitet sie wie ein geschickter Redakteur, indem sie ganze Textabschnitte einfügt oder löscht. Quantenunbestimmtheit hat bei der neuen „Bearbeitung" die Oberhand. Gleichzeitigkeit der Manifestation von Allem und Jedem. Multidimensionalität öffnet sich. Man kann sie nicht mit dem Verstand begreifen. Aber man kann sie fühlen. Und Gefühle erzeugen Ereignisse. Das gleiche Bose-Einstein-Kondensat oder ein einheitliches Bewusstsein. https://lenta.ru/articles/2010/11/30/bec/).

Das Bewusstsein ist einfach da. Es ist der Klebstoff für die Existenz des Lebens. Wenn es eine Formel für das Leben gibt, dann ist es das Bewusstsein.

Du suchst nach Licht und es lebt in dir, in der zellulären Struktur, es ist ein Teil Gottes in jedem von uns.

Wir suchen Gott - und wir finden uns selbst.

Wir suchen uns selbst - und wir finden Gott.

P.S. Die Erforschung einer neuen Art von DNA, einer grundlegenden Ebene der physiologischen Manifestation des menschlichen Christus-Bewusstseins auf der planetarischen Ebene, geht weiter.

Wichtige Kriterien der neuen Welt

Es ist notwendig, eine Erklärung darüber zu geben, was Menschen ausmacht, die wirklich mit den Energien der Liebe arbeiten.

In der alten Welt lag der Schwerpunkt immer auf der Einhaltung bestimmter äußerer Handlungen und Rituale. In der neuen Welt sind diese nicht mehr notwendig und der Fokus liegt auf dem inneren Zustand. Das bedeutet, dass man, wenn man aufrichtig auf einen Zustand der Liebe und Freude eingestimmt ist, ganz natürlich in den Fluss der Energien der Liebe eintritt.

Die Energie im Weltraum der Erde verändert sich dramatisch in Richtung einer Zunahme des Lichtstroms. Dies ist auf galaktische Prozesse zurückzuführen. Die Aktivität der galaktischen Pole nimmt zu. Die Höchste Intelligenz ist dabei, den Raum der alten Welt abzubauen. Dies geschieht unbemerkt von den Menschen. Die alten Formen werden durch Hologramme unterstützt, sodass der Übergang ohne Panik verläuft. Wie in der Matrix. Es wird eine Art Nullpunkt geschaffen. Der Raum, der hier zusammengefaltet wurde, wird auf der anderen Seite des Universums wieder ausgerollt, in eine neue Welt. Das nennt man Raum-Umkehrung.

Eine Art von Konservierung. Für eine Weile auch die Zeit bleibt stehen. Du schläfst ein und wachst in einer neuen Realität auf. Während des Schlafes wird der Raum eingerollt, von Energieviren und Gedanken alter Muster befreit, gereinigt und wieder entfaltet. Beim Durchschreiten des Nullpunkts ändern die Welt und die Menschen wechseln die Polaritäten der Massen- und Energieladungen. Etwas, das die Wissenschaftler teilweise zu entdecken beginnen.

Quarten Übergang oder positive Mutation der Menschheit

Um Ängste zu vermeiden, sollte ich gleich sagen, dass etwas Ähnliches in unserer Welt bereits geschehen ist. Gleich nach der harmonischen Konvergenz im Jahr 1987. Damals wurde die alte feinstoffliche Ebene verändert, weil es wurde gewählt weiter zu leben, anstatt im Jahr 2000 zu verschwinden.

Im Jahr 2000 zeichneten Wissenschaftler in Charkiw übrigens einen kurzen Moment auf, in dem sich der Planet nicht mehr bewegte - seinen „Tod". Und nach einem weiteren Moment wurde die Erde wiedergeboren. Zuerst ging das Magnetfeld auf null zurück und starb, dann tauchte es wieder auf, aber mit ganz anderen Eigenschaften.

Wo können Sie darüber lesen und noch mehr - in der „Universellen Konstitution". Dies ist ein Sammelwerk mit den neuesten Informationen über den Zustand der Welt, der Menschen und nicht nur. Eine höhere Intelligenz hat uns bereits in den Zustand des Schlafes gestürzt und wir schlafen seit etwa einer Woche. Warum haben wir das nicht bemerkt? Zunächst einmal ist der Höhere Geist am Werk, und dann ist da noch die Multidimensionalität.

Was soll man in so einem Fall tun, worauf soll man achten? Halten Sie Ihre Aufmerksamkeit so bewusst wie möglich. Einige werden sich müder fühlen als sonst, andere nicht. Es wird Bereiche mit Gedächtnisverlust geben. Spontan und abrupt. Unklare Epidemien von seltsamen Krankheiten sind eine Folge der Reinigung des gemeinsamen Raums des Planeten. Jeder muss genau auf seine Gedanken achten - bevor er in ein Krankenhausbett gelegt wird.

Wie findet der Übergang zur neuen Realität statt?

Stellen Sie sich ein Netz mit großen Öffnungen vor. Wenn es ausgebreitet ist, nimmt es viel Raum ein, und die Fäden des Netzes berühren sich nur dort, wo sie ineinander verflochten sind und so zusammenwirken. Diese Raumgeflechte halten die Kontur des Raumes zusammen. Die Energie pulsiert in den Fäden selbst, und die Materie wird im Netz gehalten. Dies ist das Prinzip, nach dem alle Planeten und kosmischen Körper geschaffen wurden.

Eine Veränderung des Potenzials. Die Spannung in den „Netzfäden" nimmt ab und ein Teil der Materie beginnt, durch die Zellen freigesetzt zu werden. Wenn die Dichte der Materie innerhalb des Netzes für eine Kompression ausreicht, beginnt der Raum zu verfalten. Schließlich wird das ausgebreitete Netz zu einem einzigen Punkt aufgerollt. Alle Fäden des Netzes liegen eng beieinander, die Spannung des Netzes nimmt zu und baut sich auf.

Bei einem kritischen Wert entfaltet sich der Raum in die andere Richtung. In den Gitterzellen auf den Energiekreuzungslinien befinden sich Informationsaufzeichnungssysteme. Nach der Verdrehung, wenn sich das Netz entfaltet, beginnen sich die Informationen über jede Person zu entfalten, und alle Codesysteme bilden Ihre neuen Lebenssysteme, stellen Ihre Körper und Energiestruktur wieder her. Ihr werdet keine Zeit spüren, da es am Nullpunkt keine Zeit gibt.

Alles geschieht unter der Führung einer höheren Intelligenz. Ja, und jeder von euch ist eigentlich ein unsterblicher Geist plus Informationen über alle Inkarnationen. Jedem Menschen werden Übergangskuratoren zugewiesen.

Außerdem gibt es an diesem Nullpunkt die Ausbildung des Menschen in Multidimensionalität, vergangenen Inkarnationen, Gleichgewicht der Energien usw. Wofür werden wir geschult werden? Es gibt diejenigen, die noch nicht bereit sind, die neuen Informationen zu akzeptieren. Auf der höheren feinstofflichen Ebene hat er sie akzeptiert, aber auf der materiellen Ebene hat er Angst.

Wie kann sich die Mehrdimensionalität im Alltag manifestieren? Wenn wir uns einen Film ansehen, laufen die 24 Bilder wie ein einziges Bild an uns vorbei. Stellen Sie sich vor, Sie sehen jedes Bild einzeln und gleichzeitig. Und jedes Bild wird sich in irgendeiner Weise von den anderen unterscheiden. So mag die Wahrnehmung der Realität sein. Aber alles hängt von der Bereitschaft des Geistes ab.

Wie können Sie die Auflösung des Raumgitters erleben

Manche werden ein häufiges Leuchten sehen. Manche sehen das Raster der Welt, ihre Zellen. Wie Blitze. Womöglich viele Blitze und eine Verstärkung aller elektrischen Prozesse. Eine Zunahme der Sonnenaktivität. Ein Gefühl der Verdickung der Welt, dicke Luft. Aber das ist alles auf der Ebene der Energie.

Viele werden ein brennendes Gefühl im Inneren spüren - eine Beschleunigung der lokalen Energie als Reaktion auf den äußeren Raum. Es kann zu Konflikten kommen. Viele Menschen werden nicht verstehen, was mit ihnen geschieht, und das wird sich in Aggression äußern.

Als Nächstes werden Sie das Zusammenrollen der Zeit merken. Zeitabschnitte scheinen zu verschwinden.

An einem Zeitpunkt fühlen Sie sich vielleicht müde und schläfrig. Geben Sie sich diesem Zustand hin. Auch, wenn Sie bei der Arbeit sind. Es ist wie ein Kokon der Unsichtbarkeit. Es ist besser, einfach einzuschlafen, sich zu entspannen.

Dann wachst du munter und gesund auf. Und die Welt wird sich verändern. Du wirst es sehen, wenn du aufmerksam bist. Sie wird nicht mehr starr und stabil sein. Sie wird heller werden und irgendwie schimmern.

Diesem Übergang ist übrigens die älteste Prophezeiung gewidmet: „Der Mensch beginnt, zur Erkenntnis der Einheit mit allem Lebendigen zu erwachen. Seine Natur wird völlig umgewandelt. Er wird zum strahlenden Zentrum der Liebe. Dies wird möglich, weil die Materie der Erde an dem Punkt angelangt ist, an dem Strahlungsenergie ihre Fesseln abwirft. Ein Schleier, dass die Augen des Menschen seit Jahrhunderten verdeckt hat, fällt ab. Was hier geschieht, ist im Wesentlichen eine geplante Aktion."

Wie kann man diese Zeit bewusst erleben?

Beobachten Sie die Welt und sich selbst. Notieren Sie jeden Prozess und halten Sie ihn fest. Rufen Sie Mentoren und Helfer an. Sie sind immer da, aber sie können nicht eingreifen, ohne dass Sie um Hilfe bitten. Lichtmeditationen, geistige Praktiken.

Stellen Sie sich vor, dass Sie neue Fähigkeiten erlernen. Jeder wird das Wissen bekommen, das er braucht. Hört auf euch selbst, auf euer Höheres Selbst, es wird euch sagen. Habt mehr Vertrauen in euch selbst. Ihr braucht keine Angst zu haben.

Dieses Wissen mag euch dumm vorkommen. Es geht vielleicht darum, die Position eures Körpers im Raum zu verändern. Seien Sie aufmerksam gegenüber plötzlichen Impulsen, die in Ihnen auftauchen: etwas zu berühren, Wasser zu trinken, den Kopf zu heben, Musik einzuschalten. Das Kriterium der Erfüllung ist innere Wärme, Ruhe oder ein Gefühl der Liebe.

Was ist wichtig? Bringen Sie Ihre Liebe öfters zum Ausdruck. Es mag Ihnen sentimental vorkommen, aber so sind Sie nun einmal. Sie können es in kurzen Momenten verstehen. Das ist Ihre wahre Essenz. Tragen Sie Liebe und Freude in sich. Das wird Sie in jeder Situation widerstandsfähig machen.

Die Zellen im Körper kommunizieren miteinander. Sie senden Laserlicht aus, das sich in Radiostrahlung verwandelt. Und mehr noch, indem sie Energie, Liebe geben, werden die Zellen gleichzeitig mit ihr gefüllt. Hier geht es um die Frage der Regeneration.

Der Geist der Zellen, wie auch der Geist des Menschen, kann nicht infrage gestellt werden. Die zelluläre oder nukleare Essenz tauscht ständig Signale mit dem Gehirn aus. Außerdem ist die Zelle in der Lage, sich zu erneuern, während das Gehirn dies nicht kann. Aber es ist die Energie des Gehirns, die der Schlüssel zu allen Informationen ist.

Was als Auferstehung bezeichnet wird, ist in Wirklichkeit die Freischaltung von Gehirncodes. Übrigens sind die Hände und Finger die mächtigsten Fokuspunkte, die die Energie des Gehirns übertragen. Sich mit den Händen zu streicheln, ist also elektrische Selbstheilung.

In unserem Gehirn wurde ein Mechanismus zur Unterdrückung der Angst vor dem Tod entdeckt. Das Gehirn kennt die Zukunft (Mittelhirn, schwarze Substanz, Streifenkörper). Kreative Menschen haben divergentes Denken. Das ist eine andere Art, wie das Gehirn arbeitet. Es bedeutet, dass uralte Formen des Sehens und der Orientierung in ... Multidimensionalität zu erwachen beginnen.

Höhere Bewusstseinszustände machen alle Blutgefäße frei. Die rechte und die linke Hemisphäre des Gehirns arbeiten im Einklang. Dadurch entsteht ein kraftvolles Resonanzfeld höherer Harmonie. Denn das Gehirn ist holografisch und multidimensional.

Im Gleichgewicht wird der Mensch zum Reflektor und nimmt die negative Ausstrahlung des Gesprächspartners nicht wahr. Dann bewegt sich die „angreifende Welle" weg. Wenn das Gleichgewicht gestört ist, trägt das Blut des Menschen die Welle der eintreffenden Strahlung (Negativität) durch den Körper. Das Blut ist ein starker Magnet. Der Polarisationsvektor ist immer auf das Herz ausgerichtet, wo sich die Belastungen sammeln.

Die Kunst der Freude ist das Wichtigste von allem. Sie ist sowohl eine Philosophie als auch eine komplizierte physikalisch-chemische Reaktion. Es ist die Kraft des menschlichen Wesens. Selbst ein künstliches Lächeln kann Ihre Stimmung und Ihre Blutzusammensetzung verändern.

Beanspruchen Sie also Ihre Kraft und freuen Sie sich!

Umdrehen des interplanetaren Magnetfeldes

Offizielle Erklärung vom 12.01.2020. Die Erklärung basiert auf wissenschaftlichen Beobachtungen von Weltraum-Artefakten. Referenzen sind am Ende des Textes angegeben.

Am 6. Januar 2020 bemerkten norwegische Wissenschaftler des Geophysikalischen Observatoriums Polarlightcenter seltsame Polarlichtaktivitäten über Norwegen, Finnland und Island. Sie registrierten eine plötzliche Änderung der Erdströme und des Magnetfelds.

Lokale Medien berichteten, dass 15 Minuten vor dieser „Schockwelle" ein NASA-Raumfahrtsatellit übermittelte, wie die Dichte des Sonnenwindes um mehr als das Fünffache anstieg und sich das interplanetare Magnetfeld in Erdnähe um

180 Grad drehte. Nach Angaben der Wissenschaftler öffnete sich für mehrere Stunden ein Riss im Erdmagnetfeld, durch den die Sonnenwinde zur Erde strömten.

Die Wende des interplanetaren Magnetfelds um 180 Grad und die Bildung eines lokalen Risses in der polaren Ionosphäre geschah nicht von selbst.

Am 7. Januar 2020 wurde festgestellt, dass das supermassive Schwarze Loch M87 starke Strahlen in Richtung Erde aussendet. Die von Astronomen über vier Jahre hinweg mit dem Chandra-Observatorium durchgeführten Beobachtungen zeigten, dass das Schwarze Loch starke Strahlen genau in Richtung Erde aussendet.

Es handelt sich um das Objekt M87 (im Zentrum der elliptischen Galaxie M87, Sternbild Jungfrau), das etwa 6,5 Milliarden Mal so schwer ist wie die Sonne und etwa 55 Millionen Lichtjahre von der Erde entfernt ist. Sein Kern ist sehr aktiv und erzeugt starke Emissionen verschiedener Frequenzen, darunter Gammastrahlen.

Am 18. März 1771 entdeckte der französische Marineastronom Charles Messier dieses Schwarze Loch und trug es als Nummer 87 in seinen berühmten Katalog von Sternennebeln und Sternhaufen ein, der zehn Jahre später veröffentlicht wurde. Daher auch der Name Messier 87 - oder kurz M87.

Ein riesiger Jet, etwa fünftausend Lichtjahre lang, geht vom Kern von M87 aus. Dieser Jet enthält mehrere Klumpen, deren optische Strahlung stark polarisiert ist. Die Farbe der Strahlung ist blau und das Spektrum des Jets enthält keine Linien. Diese Strahlung wurde 1918 von Heber Curtis vom Leakey-Observatorium der California University beobachtet.

Übrigens gab es den Begriff „Jet" damals noch nicht; er wurde 1954 von den amerikanischen Astronomen Walter Baade und Rudolph Minkowski eingeführt. Alles in allem handelt es sich also keineswegs um einen gewöhnlichen Bewohner der näheren Umgebung unserer Galaxie.

Wie die Art des Spektrums der Galaxie M87 zeigt, ist die Emission von Gas aus dem Kern derzeit im Gange. Die Radioemission geht sowohl vom galaktischen Kern als auch von der ihn umgebenden ausgedehnten Region aus, die etwa hunderttausend Lichtjahre groß ist.

Die Galaxie M87 ist eine starke Quelle für Röntgenstrahlung. Hochenergetische Gammastrahlen von M87, die eine große Durchschlagskraft haben, wurden übrigens bereits 1998 entdeckt. Bei M87 handelt es sich außerdem um ein rotierendes Schwarzes Loch. Der Charakter der Strahlung von M87 ändert sich laufend. Dies wurde im April 2017 festgestellt.

Wichtig ist, dass die Teilchen aus der Quelle M87 mit Energien von mehr als

10 hoch 19 Elektronenvolt zu uns kamen. Diese Energie ist so stark, dass die Teilchen ohne Abweichungen in den galaktischen Magnetfeldern, d. h. in einer geraden Linie, zu uns kamen.

Starke Gammastrahlenausbrüche haben eine langwellige Fortsetzung, das sogenannte Nachglühen. Auf den anfänglichen Gammapuls folgt immer ein Strom von Röntgenstrahlen, der typischerweise mehrere Tage dauert. Er geht in ultraviolettes, dann in sichtbares Licht, in Infrarot und schließlich in Radiowellen über, die über Wochen und Monate aufgezeichnet werden.

Ein weiterer wichtiger Aspekt des Geschehens. Während vielen Stunden, in denen sich unser Planet dem Weltraum öffnete, kam es zu einem erzwungenen Wiederverschluss von Magnetfeldlinien, von denen es mindestens zwei gab. Das Magnetfeld der Erde und das Magnetfeld von M87. Wir wurden eine Zeit lang zu einer winzigen Erweiterung dieses kosmischen Riesen, der uns in sein Magnetfeld einschloss.

Die Kraftlinien-Wiederverbindung ist ein grundlegender physikalischer Prozess im Plasma, der für alle Phänomene der Plasmaaktivität verantwortlich ist. Es gibt zwei Arten der Wiederverbindung - erzwungene und spontane. In unserem Fall handelte es sich um die erzwungene Wiederverbindung der Magnetfeldlinien der Erde, bei der die magnetische Konfiguration unter dem Einfluss des Plasmastroms von außen neu geordnet wird.

Ein Teilnehmer an dieser kosmischen Aktion, die Sonne, hat ebenfalls zur chirurgischen Operation der Erde beigetragen. Und sie ist erneuert worden. Am 21.12.2019 wurde eine starke magnetische Explosion auf der Sonne entdeckt. Obwohl Experten bereits vor 15 Jahren über die Existenz solcher

Explosionen spekuliert hatten, fand die Beobachtung einer solchen erst Ende des Jahres 2019 statt.

Infolge der Eruption wurden die Magnetfelder des Sterns auseinandergerissen und wieder zusammengeführt, was zu einer noch nie dagewesenen magnetischen Explosion führte. Der Materieauswurf hatte die Form einer Protuberanz. Die Forscher hatten zuvor eine spontane Wiederverbindung der solaren Magnetfeldlinien beobachtet, aber jetzt haben sie eine erzwungene Wiederverbindung gesehen. Die Arbeit wurde in der Zeitschrift The Astrophysical Journal veröffentlicht.

Was sind die Auswirkungen dieser Ereignisse?

Die Sache ist die, dass es kein vergleichbares Ereignis gibt, bei dem die magnetische Hülle der Erde aufgerissen wurde. Es gibt nichts, womit man es vergleichen könnte. Es geschieht alles in

Echtzeit. Wir wurden von einem kosmischen Regen aus Gammastrahlen von enormer Kraft bombardiert - und das ist kein zufälliger Faktor. Einen Planeten ins Visier zu nehmen, passiert nicht einfach so.

Erdbeben aus dem Weltraum

Am 27. Dezember 2004 sendete der Magnetar SGR 1806-20 (der ebenfalls auf die Erde gerichtet war) eine unglaubliche Menge an Gammastrahlen aus, und am 26. Dezember desselben Jahres ereignete sich im Indischen Ozean ein Erdbeben der Stärke M 9,0+, das einen Tsunami auslöste und mindestens 300.000 Menschen tötete. SGR 1806-20 ist 50 000 Lichtjahre entfernt, aber wenn er näher wäre, in einer Entfernung von etwa 10 Lichtjahren, würde seine Explosion alles Leben auf der Erde auslöschen.

Der Zusammenhang zwischen Erdbeben und Gammastrahlenausbrüchen ist also offensichtlich. Und er ist seit 1983 offensichtlich, als Dr. Paul La Violette einen Artikel schrieb, in dem er Gammastrahlenausbrüche im erdnahen Weltraum als Hauptmarker für starke Erdbeben identifizierte.

Am 26. Mai 2019 wurde die Korrelation erneut bestätigt. So beobachteten hawaiianische Astronomen am 13. Mai eine um das 75-fache erhöhte Emission von Schütze A* (Zentrum der Milchstraßengalaxie) und am 26. Mai gab es ein Erdbeben der Stärke M 8,0+ in Peru.

Es sei gleich zu Beginn darauf hinweisen, dass Schütze A*, wie auch die anderen Quellen, Lichtjahre entfernt ist, sodass es nicht korrekt ist, von ihm in der Gegenwart zu sprechen. Die Astronomen zeichnen jetzt lediglich Vorgänge auf, die sich dort lange vor unserer Zeit abgespielt haben, was aber nichts daran ändert, dass die Welle immer noch in Bewegung ist.

Übrigens ist Schütze A* weiterhin auf die Erde gerichtet. Die von ihm ausgehende Strahlung ist extrem schmal, in der Größenordnung von einem Hundertmillionstel Grad Durchmesser. Dieser Strahl ist faktisch direkt auf uns gerichtet.

Der nächste Beweis für einen kosmischen Gammastrahlenschock war das Erdbeben vom 6. und 7. Januar 2020. Eine Serie von Beben der Stärke 6,4 erschütterte die Insel Puerto Rico, östlich der touristischen Dominikanischen Republik. Das Epizentrum lag im Ozean in einer Tiefe von 7 bis 10 Kilometern. Der Notstand wurde ausgerufen, und die Nationalgarde wurde aktiviert, um die Folgen des Bebens zu bewältigen.

Wir alle - zusammen mit dem Planeten - sind Eins. Das Ereignis der Öffnung der polaren Ionosphäre der Erde ist uns natürlich schon in Fleisch und Blut übergegangen. Man fragt sich, wie und wohin das alles führen wird. Wenn man darüber nachdenkt, stellt sich das ganze Bild als maximal kalibriert, berechnet und vervielfältigt heraus, dass es keinen Zweifel am globalen Szenario der Höheren Intelligenz und ihrem höheren Zweck gibt.

Die Übergangsphase ist eine umfassende und globale Säuberung des früheren Energieplans. Dies ist die erste Schlussfolgerung, die gezogen werden muss. Denn dieses Phänomen ist unermesslich multidimensional und bezieht absolut alle Ebenen des Seins mit ein. Die Birkeland-Ströme allein sind die Wiederverbindung von Magnetfeldlinien, nach der ein neuer Magnetstrom mit allen neuen Eigenschaften und Feldgradienten entsteht. Auch im Körper, im menschlichen Gehirn.

Die mutagene Wirkung von Gammastrahlung, oder ein neuer Mechanismus der DNA-Mutation

Unter dem Einfluss des Elementarteilchenstroms aus dem Weltraum verändert sich die molekulare Zusammensetzung der DNA. Ein Nukleotid bildet eine schnelllebige temporäre Verbindung, die die Rolle eines dynamischen Dissoziators spielt. Durch die Einführung neuer Mitglieder verliert das DNA-System an Stabilität. Aber es gewinnt an Beweglichkeit. Dieser Zustand dauert nur den Bruchteil einer Sekunde. Das reicht völlig aus, um sich an die Möglichkeit von Veränderungen zu erinnern.

Der Beginn einer Transmutation ist immer ein Verlust an Stabilität. Die Geburt von Nukleotiden mit 6 oder 7 Bestandteilen markiert den Beginn des

Quarten Übergang oder positive Mutation der Menschheit

Mutationsprozesses, wobei das Blut die Reflexion aller Mutationen auf die Dekonsolidierung der menschlichen Körpermaterie ist.

Tatsächlich gewinnt diese Konstruktion bereits an Volatilität und verliert an Dichte. Das Prinzip der Wechselwirkung zwischen einer chemischen Substanz und einem physikalischen Elementarteilchen bietet einzigartige Möglichkeiten zur Herstellung einer neuen Art von Substanz. Infolgedessen wurde eine neue Biochemie der menschlichen Evolution und Entwicklung geboren, die die bisherige Biochemie des obligatorischen Zellstresses ersetzt.

In der Tat ist dies bereits der Fall. Ein Beispiel dafür ist das Auftreten des „knotigen" DNA-Typs. Dies ist das, was man früher als „Müll" -DNA bezeichnete. Und darüber hinaus kann man nur spekulieren.

Quarten Übergang oder positive Mutation der Menschheit

Die globale Auswirkung des Phänomens bedeutet eine entsprechende groß angelegte energetische Aktion. Es ist also an der Zeit, dass wir Zeugen werden und uns gleichzeitig an der weiteren Zerstörung alter Energiematrizen - Gedanken, Gewohnheiten, Muster, Egregoren - beteiligen. Großen und Kleinen, auf alle möglichen Arten und Weisen. In all seinen Erscheinungsformen - vom globalen Plan bis zum persönlichen, individuellen Plan.

Aber an einer Sache können Sie nicht mehr zweifeln - die alte Welt ... nein, sie ist nicht dem Untergang geweiht ... die alte Welt gibt es einfach nicht mehr.

Formal existiert sie natürlich für einzelne Menschen, in ihren Gedanken, Annahmen, Charakteren und Bindungen. Global gesehen hat die alte Welt aufgehört zu existieren, als sich der Riss öffnete. Als er sich schloss, wurde die Welt zu einer anderen Welt. Und wir begannen wirklich, in einer anderen Welt zu leben. Der Körper passt sich an die neuen Energiebedingungen an. Das ist eine Tatsache.

Was hilft, ist - aufmerksam und achtsam mit sich selbst umzugehen, ohne sich zu sehr zu belasten. Wir müssen diese Situation einfach akzeptieren. Widerstand ist zwecklos. Und das Wichtigste ist die Energiebalance. Zumindest eine minimale. Und was dann kommt, werden wir erleben.

Referenzen:

„Kosmische Strahlen der höchsten Energien"
https://elementy.ru/nauchno-populyarnaya_biblioteka/430665
„Ein Strom von Gammastrahlen aus M87"
https://yandex.ru/turbo?text=https.astrone ws.ru-bin.cgi
„Gammastrahlen von der Sonne haben die Astronomen überrascht".
https://yandex.ru/turbo?text=https.ru-Sun

„Das Schaltjahr 2020 begann mit Wundern
und   Erdbeben".
Umweltüberwachungssystem:
https://idp-cs.net/ym_ls.php
Globale Kohärenz-Initiative. Live-Daten
https://www.heartmath.org/gci/gcms/live-
data/

Intrige. Die Größe des Protons ist wieder gesunken

Dies ist eine wahre Detektivgeschichte, die 2003 begann und deren Ende nicht abzusehen ist. Ein faszinierender Plot - das Schrumpfen des Protons - wie kann das überhaupt sein!

Welch eine Respektlosigkeit gegenüber dem Standardmodell und anderen Hypothesen der Physikwelt. Es ist nicht verwunderlich, dass solche Informationen von den Physikern selbst mit Feindseligkeit aufgenommen wurden. Aber was kann man tun, wenn Gott einen Plan hat, die Welt zu verändern? Dann verändert sich die Welt, unabhängig von der Meinung von Menschen jeden Ranges oder jeder Kaste.

Urteilen Sie selbst.

Ein kurzes Vorwort finden Sie unter diesem Link:

Quarten Übergang oder positive Mutation der Menschheit

https://nauka.vesti.ru/article/1037230). Der Artikel hat den Titel „Wissenschaftler bestätigen, dass das Proton kleiner ist als bisher angenommen". Zeitpunkt der Veröffentlichung 25.01.2013.

Eines der häufigsten Teilchen im Universum, das Proton, hat sich als einer der größten Störenfriede in der Welt der Physik erwiesen. Bereits 2010 zeigte eine in Nature veröffentlichte Studie, dass der Durchmesser dieses fundamentalen Bestandteils des Atomkerns 4 % kleiner ist als bisher angenommen.

Die wissenschaftliche Welt war verblüfft und verbrachte mehr als zwei Jahre mit dem Versuch, diese Diskrepanz zu erklären. Die neue Arbeit hat die Karten weiter durcheinandergebracht und bestätigt, dass die tatsächliche Größe des Protons kleiner ist als besagen die Berechnungen, die auf den Gesetzen der Physik beruhen.

Quarten Übergang oder positive Mutation der Menschheit

Physiker haben immer noch keine genaue Antwort auf die Frage gefunden, woher der Unterschied von 4 % kommt. Im Oktober 2012 fand in Italien ein spezielles Seminar statt, an dem 50 Protonenexperten aus der ganzen Welt teilnahmen. Als Ergebnis waren sich die Experten einig, dass es einige Unterschiede zwischen Elektronen und Myonen gibt, die außerhalb der physikalischen Standardmodelle liegen. Diese sind es, die das Ergebnis beeinflussen. Die Wissenschaftler hoffen, das Geheimnis innerhalb der nächsten zwei bis drei Jahre zu lösen. Vielleicht wird nach den Experimenten etwas klarer werden.

Die offizielle Bestätigung des kleineren Protons kam nicht zwei, sondern vier Jahre später (2013 - 2017). Link zum Artikel https://ria.ru/20171006/1506348809.html. Titel des Artikels „Physiker aus Russland und Deutschland entdecken Anomalien in der Protonengröße", Jahr 06.10.2017. MOSKAU, 6. Oktober 2017 - RIA Novosti.

Physiker aus Russland und Deutschland haben zum ersten Mal den Radius des Protons genau gemessen und bestätigt, dass dieses einfachste Teilchen deutlich kleiner ist, als die Theorie vorhersagt. Sie haben entdeckt, dass eine der fundamentalen Konstanten den falschen Wert hat, wie sie in der Zeitschrift „Science" schreiben.

Eine solche Schlussfolgerung ist doppelt interessant, weil diese Konstante als eine der am genauesten gemessenen fundamentalen Größen galt und die Wissenschaftler nun alle mit ihr verbundenen Werte neu berechnen müssen.

Und hier ist ein Link zu einem Artikel: https://science.sciencemag.org/content/358/6359/79, Titel „The Rydberg constant and proton size from atomic hydrogen".

Quarten Übergang oder positive Mutation der Menschheit

Es ist besser, ihn im Original zu lesen, da er sehr interessante Ergebnisse liefert, die die zweite Protonenreduktion auf 5 % bestätigen.

Ich möchte Sie daran erinnern, dass das Proton überall und in allem ist. Und man muss kein Esoteriker sein, um zu verstehen, dass die sich verändernde Welt (und auch die Physiologie) keine Fiktion ist.

Viele Menschen haben gefragt, warum sie keinen „Quantenübergang" bemerken. Sie sagen, das sei alles Unsinn. Was soll ich sagen - ich erinnere Sie an den „Beobachtereffekt". Sie können ihn im Internet finden. Und diejenigen, die sich als Esoteriker bezeichnen, sollten sich schämen – alles nach Ihrem Bewusstsein. Ich behaupte, dass wir an der Schwelle zu erstaunlichen Entdeckungen in allen Wissensbereichen stehen.

Und mehr als eine Vermutung oder Hypothese wird überdacht werden.

Quarten Übergang oder positive Mutation der Menschheit

Zumindest werden die Worte „angenommen, eventuell, vermutlich" endlich von den Seiten der gedruckten wissenschaftlichen Materialien verschwinden. Die Forschung geht also weiter!

DNA-Rekonstruktion ... nach Ihrem Wunsch

Quelle des Artikels Zeitschrift „Schritte des Orakels", #23, 2016, Basisartikel „Der Mensch auf Bestellung", Max Maslin.

Es sollte sofort festgestellt werden, dass die überwiegende Zahl der Forscher ihre Experimente in Gemeinschaft mit Gott durchführt. Das ist das Kriterium unserer Zeit. Und es ist der bestimmende Faktor der Evolution.

Wenn man die göttliche Vorsehung versteht, kann man die Geheimnisse der Existenz berühren. An die Tatsache, dass jedes Gen aus Informationen, Gedanken, Gefühlen besteht - alles, was einmal in den Äther „abgegeben" wurde. Die Menschen inklusive.

Außerdem tauchen ständig neue Gene in unserer DNA auf. Woher kommen sie? Ein Teil der Struktur der DNA ist entschlüsselt. Das Genom ist eine mehrdimensionale und mehrschichtige Struktur. Es heißt nicht umsonst, der Mensch sei ein Gott, der sich selbst vergessen hat. Es ist an der Zeit, sich zu erinnern. Und Ihren neuen Körper zu erschaffen. Die Genetiker entdecken ständig neue Gene. Das wirft die Frage auf: Sind das alte Gene oder neue Gene, die in der Gegenwart entstanden sind?

Es hat sich herausgestellt, dass es für jeden „Niesen" zwei oder drei Gene gibt. Was sagt Ihnen das? Nur, dass wir, als wir in dichte Materie hinabstiegen, um ein Experiment zur Untersuchung der materiellen Dichte durchzuführen, unseren physischen Körper gut auf diese Expedition vorbereitet haben.

Urteilen Sie selbst. Heutzutage können wir den Genbestand, den wir einst erdacht (oder erfunden) haben, korrigieren. Die Materie wird jetzt zersetzt, erleichtert. Licht ist zu einer anderen Form der Manifestation geworden. Der Geist hat der Schöpfung neue Aspekte gegeben.

Also.

Genetische Veränderung ist Ihre Fähigkeit, Ihr Denken zu kontrollieren. Übrigens, warum so viele Worte über das Denken? Weil durch das Denken Welten erschaffen werden. Und in den neuen höheren Dimensionen gibt es nichts zu tun, ohne das Denken zu beherrschen - es geht um den Aufstieg, in den sich die meisten drängen. Übrigens ist der Aufstieg kein Umzug. Es ist ein Bewusstseinszustand, der alles bestimmt.

Beispiele für Aspekte der Erfahrung

Gene für das Erleben von Einsamkeit. Im Juli 2016 haben Biologen der Universität Peking das Einsamkeit-Gen gefunden. Die Zukunft einer

Partnerschaft hängt von der DNA ab. Nicht von einem formalen Genbestand, sondern von der Erfahrung, die in einer bestimmten Inkarnation benötigt wird, als ein von uns geschaffenes Programm, da oben.

Es gibt zwei Arten von Genen - G und C. Der Name des ersten Gens ist 5-NTA1. Diejenigen mit der G-Version sind anfälliger für Einsamkeit. Bedeutet - man muss die nötige Erfahrung sammeln.

Ein kurzer Ausflug in die Biochemie. Das Gen senkt den Spiegel des Hormons Serotonin, das für Freude und gute Laune verantwortlich ist. Und das ist der Grund, warum diese Person in intimen Beziehungen unglücklich ist.

Der Name des zweiten Gens AVPR1A - bestimmt, **ob man Kinder bekommt oder nicht**. Es handelt sich im Grunde um ein weibliches Hormon. Einer seiner Aspekte ist die mütterliche Erfahrung oder Mutterschaft. Wenn sich die evolutionären Kriterien ändern oder der Planet überbevölkert wird, wird das Hormon Oxytocin nicht mehr in der richtigen Menge produziert. Es stellt sich heraus, dass solche Frauen im Alter von 35 Jahren ein Fünftel aller Frauen auf der Erde ausmachen.

Das Glück-gen. Auch bekannt als das „Lächeln"-Gen. Wenn Sie öfter lächeln, wird es sich offenbaren! Glück ist eine interessante Kategorie der menschlichen Existenz, die weder von Reichtum, noch von Attraktivität, noch von Gesundheit abhängt. Das Leben genießen zu können, ist eine Kunst. Solche Menschen nennt man Optimisten. Und in ihrer DNA wurde das 5-HTTLPR-Gen gefunden.

Übrigens hat man festgestellt, dass die Gene für **Einsamkeit und Glück** ähnlich sind. Beurteilen Sie selbst: 5-NTA1 und 5-HTTLPR. Die Zahl „5" und die ersten beiden Buchstaben „H" und „T".

Das bedeutet, dass die Einsamkeitssituation rückgängig zu machen ist! Das Glücksgen ist für die Verteilung des Hormons Serotonin in den Nervenzellen verantwortlich. Dieses Hormon ist zuständig für die Stimmung - zu weinen oder zu lachen. Und man wählt seine Stimmung selbst! Die Stimmung ist die Einstellung für etwas, die Gedanken und Gefühle, die Sie wählen.

Die Gene selbst „halten" natürlich nur die Materie des Körpers für das richtige Erlebnis bereit. Es geht nicht um sie, es geht um Dich.

Das RGS14-Gen für Dummheit. Wenn es ausgeschaltet wird, kann die intellektuelle Leistungsfähigkeit steigen. Eine andere Frage ist, ob dies notwendig ist. In jedem Fall haben Sie einen göttlichen Berater - Ihr Höheres Selbst.

2016 war ein erfolgreiches Jahr für Bioingenieure - sie entdeckten das Gen für **Eifersucht**, das Gen für **Fettleibigkeit**, das

Gen für **Betrug** und das Gen für **kriminelle Aktivitäten**. Es wurde ein Gen gefunden, das für **Alkohol Randale am Steuer** verantwortlich ist, und sogar ein „**Krieg**"-**Gen um die Temperatur im Büro**. Es geht darum, uns selbst und die Göttliche Vorsehung zu erkennen. Erkenntnis über uns selbst.

Das Gen für den „sechsten Sinn" wurde gefunden:

(http://globalscience.ru/article/read/27702/) Es ist bewiesen, dass der menschliche sechste Sinn real ist. Verantwortlich dafür ist das PIEZO2-Gen. Bis vor kurzem hielt die überwiegende Mehrheit der Wissenschaftler diese Fähigkeit für nichts weiter als eine wissenschaftliche Fiktion mit Elementen der Phantasmagorie.

Einer Gruppe amerikanischer Wissenschaftler ist es gelungen, diese Tatsache durch einen einfachen Forschungsprozess mit verblüffenden

Ergebnissen zu bestätigen. Es ist dieses Genelement, das die Handlungen einer Person in Bezug auf die Positionierung im Raum und das Fühlen der eigenen Körperteile koordiniert.

Norwegische Lehrer schlagen Alarm

Die Unterrichtssprache in norwegischen Schulen ist Norwegisch, und die Tatsache, dass die Hälfte der Schüler nicht versteht, was der Lehrer sagt, stört kaum. Während die schwarzhaarigen Kinder in der hintersten Ecke mit ihrem Spielzeug spielen oder zu Allah beten, hören die weißhaarigen dem Lehrer aufmerksam zu.

Diese Situation war in Ordnung, bis russischsprachige Kinder in vielen norwegischen Schulen erschienen. Norwegische Kinder beherrschen ihre Muttersprache bis zum Alter von sechs Jahren kaum. Sie beginnen später als die Russen zu sprechen - bis zum Alter von vier Jahren laufen sie in Windeln und mit einem Schnuller im Mund herum.

Und wenn sich die Frage stellt, in welcher Sprache sie sich verständigen sollen, entscheiden sich die Kinder eindeutig für Russisch. Nach einer Woche in einer russischen Erstklässler-Klasse verstehen nicht nur die Araber, sondern auch die einheimischen Norweger die Lehrer nicht mehr und beginnen, Fragen auf Russisch zu beantworten, wirklich verwundert darüber, dass sie von den Lehrern nicht verstanden werden.

Natürlich werden die Eltern russischer Kinder in die Schule gerufen und für das Verhalten ihres Kindes zurechtgewiesen. Die Situation in den Kindergärten ist sogar noch alarmierender. Dort, wo norwegische Kinder ihre ersten Worte aussprechen. Wenn es auch nur ein russisches Kind in der Kindergartengruppe gibt, spricht die ganze Gruppe Russisch.

Das Phänomen, dass Kinder Russisch lernen, wurde nicht nur in Schulen und Kindergärten in Norwegen beobachtet, sondern auch in Deutschland, Belgien, Kanada und in Israel. Außerdem wird in Kanada in Gebieten mit gemischter Bevölkerung Russisch in Kindergruppen zur Sprache der interethnischen Kommunikation.

Die Manifestation der lichtkristallinen Organik oder die neuen Gesetze der Schöpfung

Das vorige Jahrhundert

Zwei wesentliche Entdeckungen für die alte physikalische Welt - alle Materie ist kondensiertes Licht und die Materie wird vom Bewusstsein gesteuert.

Die Gesetze des neuen Universums werden jetzt entdeckt. Sie wurden nach den ersten Veränderungen in der Welt möglich. Die Struktur des Lichts selbst hat sich verändert. Licht ist zu anderer Materie geworden.

Es sind nicht die höheren Schwingungen des „alten" Lichts, sondern eine andere Konfiguration dieser Substanz, die, die Unterschiedlichkeit unseres Raumes wahrnehmend, einen wunderbaren Tanz ihrer Erscheinungsformen beginnt. Denken Sie daran, dass alles in der Natur intelligent ist.

Was Wissenschaftler in ihren Labors finden, existiert bereits. Im Raum, im Körper und in den Zellen. So erfüllt sich das oberste Gesetz der Einheit des Bewusstseins im Fluss der bedingungslosen Liebe.

Licht-kristalline Materie wird geboren. Eine neue Organik. Einer der ersten Impulse dafür ist die Verringerung des Durchmessers des Wasserstoffatoms.

Im „alten", vertrauten Licht erscheint eine neue Lichtsubstanz. Optiker haben schon früher einige Merkwürdigkeiten und Ungereimtheiten in den anerkannten Gesetzen des „Verhaltens" des Lichts gefunden.

Es war bekannt, dass Licht das Umfeld, durch das es sich bewegt, verändert. Nun begann das veränderte Umfeld, die elektromagnetische Strahlung anders zu leiten - die Photonen begannen anders zu kommunizieren.

Wie geschieht das? Sie, die Photonen, fangen an, eine Wolke von atomaren Anregungen hinter sich zu ziehen. Und dabei werden sie langsamer. Bedingt versteht sich. Die Atome beginnen aktiv miteinander zu kommunizieren, ihre Sympathie wird auf die Photonen übertragen. Die Photonen klumpen zusammen.

Infolgedessen gewinnen die Photonen an Masse und bilden ein Lichtmolekül, das ein Eigenleben zu führen beginnt. Photonen übermitteln Quanteninformationen. Das neue Verhalten der Photonen und das neue Gesetz des Universums - der Lichtimpuls (Photon) kann anhalten und sein Inhalt (Information) geht in atomare Anregung über. Dabei verhält sich ein Lichtmolekül ähnlich wie ein chemisches Molekül.

Worin manifestiert sich die neue Lichtmaterie?

Lichtmoleküle werden nach den Gesetzen der Sympathie und der gegenseitigen Anziehung geboren. Kiely's sympathische Physik, 18. Jahrhundert.

Zwei Photonen bilden ein Paar und bewegen sich, indem sie sich gegenseitig festhalten, in dieselbe Richtung, die gemeinsam gewählt wird. Bedingungsgemäß ist ein solches Molekül ein Vielfaches von zwei - gerade Lichtmaterie. Es kann auch Photonen-Tripletts geben - bedingt ungerade Lichtmaterie.

Worum geht es hier?

In der früheren Welt des dualen Experiments gab es solche Konzepte im Prinzip nicht. Zwar hat sich das Licht früher auch in materiellen Formen niedergeschlagen. Aber jetzt geschieht das fast augenblicklich. Und für jede Art von

Lichtmaterie (gerade und ungerade) werden eigene Gesetze manifestiert! In einem Impulsmodus. Und die beiden Typen kommunizieren auch miteinander.

Das Photon hatte vorher keine Masse. Jetzt hat es sie. Es wird neue Materie abgelagert. Eine Analogie dazu sind die Lichtschwerter der Jedi in der Star-Wars-Saga. Die Ritter „schalteten" ihre Schwerter ein. Die Lichtklinge tauchte buchstäblich aus dem Nichts auf, hatte aber einen Anfang und ein Ende. Und sie war materiell.

Licht schaltet die magnetischen Pole um.

Nuance 1. Das Gehirn ist in der Lage, in diesem Bereich zu arbeiten - bewusste Göttlichkeit im täglichen Leben.

Nuance 2. Die bedingungslose Liebe manifestiert sich in Form eines Magneten. Und Licht ist Geist, eine universelle Substanz.

Neue ungewöhnliche Eigenschaften des Lichts.

Die Planck-Konstante ist schon lange keine Konstante mehr. Unsere Welt hat sich von einer geschlossenen zu einer offenen Welt gewandelt. Dies hat jedoch die grundlegenden Vorstellungen der Physiker über die Natur des Lichts erschüttert. Wir müssen ALLES neu überdenken. Es werden Kristalle geboren, die Licht drehen können. Dies geschieht, weil Photonen beginnen, sich als multidimensionale Objekte zu manifestieren, die sich nach Belieben überall zeigen können.

Zwischenschluss.

Eine neue, BEWUSSTE Lichtmaterie entsteht, wenn die Photonen in Sympathie zueinander „Händchen halten". Sie gehen weiter zusammen. Dabei kann die Materie, die sie manifestieren, gerade und ungerade sein.

Was geschieht in unserem Körper?

Eine impulsive Ablagerung von neuer Materie. Alle Atome haben begonnen, ihren Zustand umzuschreiben. Hilfe - die Bestrahlung mit ultraviolettem Licht. Die Manifestation einer neuen Ebene der Feuermaterie findet durch das menschliche Bewusstsein statt. Die Wände der Blutgefäße, Kapillaren, verändern sich.

Aus der neuen photonischen Materie entsteht ein dünner kristalliner Lichtkörper, der universell in der Welt des Quantenübergangs ist und durch Impulse die alte Organik durchdringt und ersetzt.

Die Kristallisation von photonischer Materie wird durch die Bestrahlung mit ultraviolettem Licht, das eine lokale Erwärmung bewirkt, erheblich unterstützt. Die Deformierung erfolgt in einem Impulsmodus, der die seit Jahrhunderten bestehenden molekularen (atomaren) Bindungen der alten Materie „erschüttert".

Quarten Übergang oder positive Mutation der Menschheit

Alles entspringt der Leere. Alles ist in Bewegung. Objekte sind eine Illusion. Materie setzt sich aus Energie zusammen. Alles wird durch Gedanken erschaffen.

Diese Entdeckungen der Quantenphysik sind nicht neu. Viele mystische Lehren, die als geheim galten und nur den Eingeweihten zugänglich waren, besagten, dass es keinen Unterschied zwischen Gedanken und Objekten gibt.

Alles auf der Welt ist mit Energie gefüllt.

Das Universum reagiert auf Gedanken.

Energie folgt der Aufmerksamkeit.

Worauf Sie Ihre Aufmerksamkeit richten, beginnt sich zu verändern.

Gefühle erschaffen Ereignisse.

Valentina Yurievna Mironova, 2017. Bescheinigung über die Veröffentlichung Nr. 217101001561.

Quellen:

1. „Wissenschaft und Leben". Nobelpreis für Physik 2012. „Entdeckungen, die die Quantenmechanik veränderten". http://www.nkj.ru/archive/articles/21320/.

2. http://lenta.ru/articles/2013/12/05/lukin

3. „Wissenschaft und Leben", Photonenmolekül: eine neue Form der Materie?

http://www.nkj.ru/news/23181

4. Photonen-Tripletts.

http://www.membrana.ru/particle/2013

5. Licht schaltet Magnetpole um.

http://www.vesti.ru/doc.html?id=2665406

6. Die Andersartigkeit des Lichts.

http://www.vesti.ru/doc.html?id=2754916 &tid=108164

7. Segnetoelektrizität in weichen Geweben.

http://www.membrana.ru/particle/17503

8. Polymere Wissenschaft - Quantenbiologie.

http://fastsalttimes.com/sections/obzor/469.html 9. Ein kurzer Überblick über Quanteneffekte in der Biologie. http://biomolekula.ru/content/889

10. Ein neuer Zustand der Materie - ungeordnete Hypergeordnetheit. http://www.novate.ru/blogs/040815/32416

Natürliches Licht und künstliches Licht

Geräte und andere technologische Entwicklungen, die auf der Informationstechnologie beruhen und häufig Licht, Schall oder andere Strahlung nutzen, können mit Krücken verglichen werden. Die Krücken werden eine Zeit lang benötigt, während sich das Organ erholt. Wenn die Krücken zu lange benutzt werden, wird das Organ, das wiederhergestellt werden soll, geschwächt. Ein Beispiel: Ein Gipsverband bei einem Knochenbruch, damit der Knochen besser heilen kann. Aber die Muskeln entspannen sich gleichzeitig und müssen wiederhergestellt werden.

Die menschliche Zelle sendet, wie alle organischen Stoffe, selbständig Lichtwellen in einem weiten Bereich aus. Es wurde jedoch beobachtet, dass die Intensität oder Quantität und Qualität des

Lichts vom menschlichen Bewusstsein
abhängt. Das Licht im Körper hängt von
der Absicht ab - vom Denken. Auch die
Qualität der Gehirnwellen, die Strahlung
des Gehirns, hängt davon ab. Die
Abhängigkeit der DNA von Gedanken ist
entdeckt worden. Gedanken, die nicht-
harmonische Wellen von 310 Nanometern
aussenden, können die DNA stören.

Licht ist eine elektromagnetische
Welle und nur ein Teil davon ist für das
Auge erkennbar. Seit 2013, nach der ersten
Stufe des Quantenübergangs, hat sich die
elektromagnetische Wellenskala um 3
Oktaven im ZF-Spektrum und 3 Oktaven
im UV-Spektrum erweitert. Infolgedessen
kann der Mensch, ähnlich wie eine
Schlange, im thermischen Bereich sehen.

Alles Neue im Menschen, in seiner
Physiologie, manifestiert sich durch das
innere Licht oder das Licht des
Bewusstseins. Der Mensch denkt mit
Licht, denn unser ganzer Organismus ist

aus verdichtetem Licht geschaffen. Dabei strahlt die Schlüsselqualität der Energie, die in der Lage ist, Harmonie in den Wellen des Gehirns zu schaffen, vom Herzen aus.

Es sollte auch erwähnt werden, dass sich die DNA-Spiralen in einer Zelle vor ihrer Teilung oder nach ihrem Tod auflösen. Sie verbinden sich wieder, wenn die Zelle sich selbst mit ihrem höchsten Licht heilt, das vom Zentrosom ausgeht. Dies ist die Grundlage der natürlichen Regeneration oder Wiederherstellung. Wenn der menschliche Gedanke durch seine Absicht der Zelle mitteilt, was im Körper getan werden muss, dann geht die Regeneration schneller.

Etwas über das neue blaue Licht, das seit 2013 zum Mainstream in unserer Physiologie geworden ist. Das neue blaue Licht unterscheidet sich von dem früheren blauen Licht dadurch, dass das neue blaue Licht das frühere violette und das frühere ferne Feld der elektromagnetischen Strahlung ist.

Dieses neue Blau befindet sich in einer ständigen lebendigen Dynamik und strahlt in zahlreichen Veränderungen. Technologisch ist es nicht möglich, das neue blaue Licht zu reproduzieren.

Warum ist dieses neue blaue Licht so wichtig für den Körper? Dieses Licht wird für die menschliche Physiologie im laufenden Quantenübergang benötigt - der blaue Magnetar im Zentrum der Galaxie (anstelle des schwarzen Lochs) und der aktive blaue Fleck im Gehirn haben die gleiche Emission (Synchronisation). Der Mensch beginnt, das Magnetfeld mithilfe spezieller Blaulichtproteine (Kryptochrome) zu spüren. Natürliches blaues Licht hilft bei der Anpassung des Körpers während des Quantenübergangs, indem es die Wände der Blutgefäße entspannt.

Dies ist ein natürlicher Übergangsmechanismus, eine der Stufen des Übergangs von Kohlenstoff zu Silizium. Hinter dem neuen blauen Licht steckt noch viel mehr, und es hat alles mit natürlichem oder zellulärem Licht zu tun.

Zum natürlichen Licht gehört auch die Strahlung von Pflanzen und Mineralien. Allerdings muss man die neuen Frequenzcharakteristiken des Raums berücksichtigen, die sich seit November 2014 verändert haben, als die Pyramiden einen Lichtstrahl erneut ausstrahlten. Und natürlich ist menschliches Denken gefragt, das gebildet und rein ist, sich seiner selbst und dessen, was getan wird, bewusst ist.

Technologische „Krücken" - Geräte sind für eine kurze Zeit gut, um der Zelle einen Impuls zu geben, und dann heilt sie sich selbst. Wenn dies statt der Zelle gemacht wird, hört sie auf zu arbeiten, hört auf zu leuchten, und die Zellatrophie setzt ein. Der normale zelluläre Lebenszyklus, der für den ganzen Körper wichtig ist, wird gestört. Der Körper beginnt allmählich, seine Lichtleiter, die Neuronen, die den ganzen Körper durchziehen, abzuschalten.

Nach einiger Zeit im ständigen Kontakt mit strahlenden Heil- (oder Regenerations- oder Korrektur- oder Harmonisierungs-) Geräten, und die strahlen heutzutage alle, erholt sich der Körper. Aber gleichzeitig verliert er seine Fähigkeit, sich selbst auf das natürliche Licht einzustellen. Der Magnetar ist das Gehirn. Und je länger der Kontakt mit solchen Geräten dauert, desto geringer wird die Fähigkeit der Zelle zur Selbsterneuerung.

Der menschliche Körper, der solche Entwicklungen ständig nutzt, wird „süchtig" nach fremder und starker Strahlung wie nach einer Droge, er wird abhängig von dem künstlichen

Lichtspektrum. Wenn das körpereigene Licht gering ist, scheinen solche Strahlungen ein Segen zu sein. Aber je weiter wir gehen, desto weniger haben wir von unserem eigenen Licht. Und das sind nicht nur Ausstrahlungen, das ist unsere Lebenskraft. Das Licht anderer Menschen bleibt nur Licht, es wird nicht zur Lebenskraft.

Ich möchte daran erinnern, dass in einer Zelle das Wasser die Aufgabe eines Neurons übernimmt. Mit der künstlichen informationellen „Befruchtung" beginnt eine grobe Umkodierung der Lebenszyklen des Organismus durch bestrahltes Wasser (Plasma, Serum, Blut). Die Intuition ist gestört. Die ethische Navigation - so der offizielle Begriff der Neurophysiologen, der sich auf die mehrdimensionalen Umstrukturierungen des neuronalen Netzes des Gehirns, auf die bewusste Wahrnehmung der Existenz bezieht - ist gestört.

Die gesamte Periode des Quantenübergangs ist komplex und wichtig, gerade durch die Einstellung des menschlichen Anpassungsmechanismus an die völlig neuen multidimensionalen Erscheinungen, die in unserem Alltag schon lange vorhanden sind. Was als Lichtarbeit bezeichnet wird, ist die bewusste Absicht, einen neuen harmonischen Zustand nicht nur des Organismus als dichter Körper, sondern auch aller seiner feinstofflichen Körper zu erreichen. Künstliches, vom Menschen geschaffenes Licht als Informationsmedium schafft eine lokale, begrenzte Energiekapsel, die den Menschen von sich selbst, von seiner eigenen Kraft isoliert.

Sie glauben, das sei eine Kleinigkeit? Die Gesundheit ist wichtiger? Ja, aber welche Art von Gesundheit? Die Gesundheit des dichten Körpers, der jeden Moment anders wird, oder die Gesundheit des Geistes, mit der sogar chronische

Krankheiten wiederhergestellt oder ein neues Organ gezüchtet werden kann? Solche Beispiele gibt es bereits. Es braucht ein bisschen Willenskraft, Wunsch und gut formulierte Absichten, d.h. Algorithmen-Befehle für die Zelle.

Die Veränderung des Raums ist nicht nur eine Veränderung, sondern eine präzise Zusammenstellung aller Energiekörper zu einem einzigen stellaren Hochfrequenzkonstrukt für jedes Individuum. Für die bewusste Kommunikation in diesen sich ständig erneuernden Bedingungen, sowohl untereinander als auch mit anderen Welten. Eben jener feurige Mercaba, der feurige Kristall-Körper.

Denn Erde und Himmel sind schon lange anders.

So wie wir selbst.

Valentina Jurjewna Mironowa, 2016

Bescheinigung über die Veröffentlichung
Nr. 2116110901226.

Ein neuer zellulärer Mechanismus

Ein ganz besonderer und einzigartiger Mechanismus beginnt in unseren Zellen zu erwachen. Er ist für die Bildung und das Funktionieren eines höher-dimensionalen Körpers bestimmt. Seine Arbeit bedeutet weiche Bedingungen für den menschlichen Aufstieg. Das Aufsteigen ist ein ständiges Erhöhen der Schwingung oder ein Steigen, wie beim Abheben eines Flugzeugs.

Dies ist Teil eines uralten Zeit-Einschränkung-Mechanismus für das Versinken in dichter Materie. Dieser Mechanismus basiert auf einer komplexen Rotation - einer Art Wendeltreppe. Über einen langen Zeitraum hinweg hat diese Leiter in die Tiefen der Materie geführt. Und nun, nachdem man den Boden erreicht hat, einen bestimmten Punkt auf dem Evolutionsband, beginnt ein bequemer Aufstieg.

Mit der Verkleinerung des Durchmessers des Wasserstoffatoms (Proton) beginnt die Entfaltung der einst gebundenen Energie. Angereichert mit modernen feurigen Schwingungen, heilt es sich selbst, sowohl innerlich als auch äußerlich.

Aus dieser Umkehrung ergibt sich das Phänomen der psychologischen Unsichtbarkeit. Es handelt sich um eine echte Unsichtbarkeit, bei der das Bewusstsein von zwei oder mehr Menschen in ihren Frequenzen (Schwingungen) so unterschiedlich sind, dass sie sich in völlig unterschiedlichen Bereichen manifestieren. Die Menschen können sich buchstäblich nicht sehen. Auf diese Weise vollzieht sich allmählich ein tiefgreifender Übergang. Was früher als „Trennung nach Dichte" bezeichnet wurde.

Quarten Übergang oder positive Mutation der Menschheit

Dieser Prozess wird besonders durch die Einstellung – „in meiner Realität geht es mir gut: ..." - und das Richtige wird aufgezählt.

Wie unterscheidet sich nun der neue zelluläre Mechanismus von dem alten?

Der alte zelluläre Mechanismus war im wahrsten Sinne des Wortes linear. Nachdem eine bestimmte Handlung ausgeführt wurde, begann eine andere Handlung zu geschehen.

Die Organisation und der Stoffwechsel der Energie im Körper gehörten zum sogenannten Krebszyklus, der „Energiemühle". Der Zyklus bestand aus einer Abfolge von bestimmten organischen Säuren. Zum richtigen Zeitpunkt wurden Wasserstoff, Kohlendioxid und Wasser freigesetzt oder aufgenommen. Dabei ist zu beachten, dass Wasserstoff in diesem Zyklus als eine Art Auslöser für die Veränderung oder

Manifestation von Materie eine wichtige Rolle spielt.

In der Zeit vor dem Übergang bewahrte die Zelle ein Geheimnis, das von Mikrobiologen nie gelöst wurde - das Zentrosom, ein sternförmiges Gebilde. Heute enthüllt das Zentrosom seinen einzigartigen Mechanismus. Im Zentrum des „Sterns" befindet sich ein Punkt, den die tibetischen Weisen „Feuer des Geistes" - Lha (Gottheit) - nennen. Dieser Punkt hat sich nun entfaltet.

Die Essenz der neuen Formation ist die Organisation auf der irdischen Ebene und die Aufrechterhaltung multidimensionaler Prozesse im Körper zur unabhängigen und bewussten Abstimmung der Zellen auf augenblickliche kosmische Impulse. Eine Analogie dazu ist ein astronomisches Observatorium.

In gewisser Weise manifestiert sich auf der physischen Ebene ein Aspekt der feurigen Mercaba, der auf natürlicher feuriger Regeneration und Verjüngung beruht. Alles zusammen ist ein göttliches Geschenk, um mit dem Körper in die höheren Dimensionen zu gelangen. Auf dem Weg dorthin wird der Körper geheilt, wiederhergestellt und auf eine dauerhafte harmonische Manifestation eingestellt.

Sie haben wahrscheinlich keine Ahnung, dass dieser magische Mechanismus in der Architektur der Erde verborgen war. Mehr noch: Dieses Gebäude ist das einzige seiner Art. ...Das ist das Castel del Monte in der italienischen Region Apulien – „das Schloss auf dem Berg". Der zweite Name ist „Hochburg".

Seine Erzählung ist sowohl architektonisch als auch neuromolekular. Denn einerseits ist es ein Schloss. Andererseits ist es der subtilste Mechanismus des gleichzeitigen Funktionierens einer Zelle auf verschiedenen Frequenzbereichen. Bewusste Multidimensionalität jeder Zelle.

Das Schloss ist mit der Zahl 8 verbunden. Die Zahl 8 ist ein Symbol der Unendlichkeit, ein Vermittler zwischen Himmel und Erde. Sie ist die einzige 8-eckige Burg in Europa mit 8-eckigen Wachtürmen an den Ecken, von denen es ebenfalls 8 gibt. Der Innenhof des Schlosses ist ebenfalls achteckig, als auch der äußere Zaun.

Im Inneren des Schlosses gibt es 16 Säle. Wenn man diese Information auf einer Zelle überträgt, bedeutet dies, dass es in einer modernen Zelle 16 Vibrationskammern gibt. Die 16 Säle sind 8 im Erdgeschoss und 8 im ersten Stock. Für die Zelle bedeutet dies, dass sie gleichzeitig auf zwei manifestierten Hochfrequenz-Ebenen arbeitet.

Die Wendeltreppe im Schloss ist nicht nach rechts gedreht, wie es in der menschlichen Welt üblich ist, sondern nach links - wie eine Schnecke. Der goldene Schnitt der universellen Harmonie. Die Drehung nach links ist die Öffnung der Spirale nach dem Gesetz der Fibonacci-Zahlen, oder „FI"-Zahlen. Die Drehung nach rechts ist das Gegenteil, der Zusammenbruch, die Schaffung einer geschlossenen Energiezone, die Stagnation.

Jetzt aufgepasst. Denn dies ist eine gleichzeitige Erklärung über das Schloss und die Funktionsweise der Zelle. In diesem Fall ist es ein und dasselbe.

In der Struktur des Schlosses (und der Zelle!) spielen der Wechsel der Jahreszeiten und die Sonnenwenden und Tagundnachtgleichen eine große Rolle, ebenso wie das Spiel von Sonne und Schatten. Für die Zelle bedeutet dies nicht nur astronomische Tage, sondern auch Zyklen der intrazellulären Organisation.

Zyklen der Zelle

Zur Mittagszeit der Herbsttagundnachtgleiche werfen die Burgmauern einen Schatten, der der Länge des Burghofs entspricht. Einen Monat später erstreckt sich der Schatten auf die Länge der Hallen. Und wenn er in das Zeichen Schütze eintritt, erreicht der Schatten eine perfekte Form, in die das gesamte Schloss „passt".

Je nach dem genauen Breitengrad, auf dem das Schloss gebaut ist, bildet sich zu den Tagundnachtgleichen zwischen 11 und 13 Uhr ein Schatten mit einem Winkel von 45 Grad (Teil eines 8-Gon). An den Tagen der Winter- und Sommersonnenwende entstehen perfekte Rechtecke. Sie umranden die Mauern des Schlosses so, dass es in der Mitte des Rechtecks erscheint.

In die Räume im ersten Stock fällt das ganze Jahr über zweimal am Tag ein Sonnenstrahl. Und in die Räume im Erdgeschoss, nur im Sommer. An weiteren zwei Tagen im Jahr, zur Sommer- und Wintersonnenwende, wird das Licht gleichmäßig auf alle Räume im Erdgeschoss verteilt - räumlich und zeitlich.

Ähnlich wie in der Zelle funktionieren auf diese Weise komplexe (ineinander verschachtelte) Rhythmen. Dabei handelt es sich nicht nur um die derzeit bekannten Rhythmen der pulsierenden Flammen, die jedes Mal auf einer etwas höheren Ebene stattfinden. Das ist die sogenannte physikalische Feueranpassung.

Weiter. An den Ecken des Schlosses befinden sich 8-winklige Wachtürme. Im Inneren, in den seitlichen Nischen dieser Türme, sind Feuerstellen eingebaut. Sie gaben den richtigen Luftzug, um ... einen gewissen ... Lichtdruck zu erzeugen. Von den Feuerstellen ging keine Wärme aus. Das Schloss als Ganzes ist ein komplexes

Observatorium und Laboratorium zugleich.

Das Schloss (und der Mechanismus der Zelle) hat viele parallele Flächen. Es wurde bereits entdeckt, dass zwischen diesen Flächen ein spezielles Wirbelfeld entsteht. Dieses Feld ähnelt der elektromagnetischen Wirbelstruktur des Gehirns, wenn es aktiv „intuitiv" ist.

Manchmal kann unser Gehirn ... 8-eckig sein ... im Sinne eines elektromagnetischen Rahmens, in Bezug auf die höheren Feuerdimensionen. In diesem Fall funktioniert das Gehirn wie eine binäre Linse - das heißt, wie ein Laser, der auf den Punkt zwischen den Dimensionen fokussiert ist. Und das Gehirn selbst ist ein Strahlungsgenerator mit einem sehr breiten Spektrum.

Sein „Treibstoff" sind Worte. Worte sind die Quelle der Schöpfung. Deshalb seid ihr alle Schöpfer. Auf diese Weise gelangen neue Spektren in den Körper.

Quarten Übergang oder positive Mutation der Menschheit

Neue Gefühle und Gedankenmuster werden im Geist geboren. Neue Ideen als Ausweg aus alten, schmerzhaften Situationen. Eine neue Perspektive und ein unerwarteter Ausweg. Schlossarchitektur = fraktaler zellulärer Mechanismus, der sich nach dem Gesetz des Goldenen Schnitts viele Male wiederholt.

Wendeltreppe, äußere Burggalerie, für die Zelle - als tragende Struktur, ein Sprungbrett für den Lichtstrahl. Pump-Laser. Eine solche 8-Winkel-Struktur strahlt ein kohärentes Stabilisierungsfeld aus, das den Körper harmonisiert und seine Energielücken, die sogenannten wunden Punkte, ausgleicht. Die acht Burgwachtürme sind acht Stabilisierungsachsen oder Antennen für die Zelle. Sie manifestieren die Quarkstrahlung eines synchronen Laserstrahls aus einer Art Zentrum.

Die Weisheit des Wassers – oder die Geheimnisse der veränderten Materie

Wussten Sie, dass Wasser seit jeher ... nicht frei ist? Hat sich jemals ein Mensch für die Meinung des Wassers interessiert? Dem Wasser wurde schon immer seine Meinung aufgezwungen. Und was ist eigentlich ... Wasser?

Die Arbeit des Japaners Masaru Emoto beweist, dass Wasser hört und sieht. Eiskristalle von unterschiedlicher Form und Schönheit bilden sich unter dem Einfluss unterschiedlicher Musik.

Das Geheimnis der Bewahrung der Flamme, des Feuers im Zentrum der Kristalle. Und im Zentrosom. Daher die Entflammbarkeit des Wassers.

Was haben Wasser und Wasserstoff gemeinsam? Oder - welche Beziehung besteht zwischen der Sonne und Wasser?

Die Sonne besteht aus Wasserstoff. Wenn sich zwei Wasserstoffatome verbinden, entsteht Helium. Wasserstoff ist Feuer, ein Träger des feurigen Gedankens, d.h. bewusst und harmonisch in der Struktur. Schöpfer der Materie. Das Universelle Feuer hat viele Namen. Der wichtigste ist Proteus, der prophetische Meeresälteste. Wasser ist der Schoß, durch den Proteus seine feurigen Formen erschafft.

WODOROD (auf Russisch Wasserstoff) = WODO (Wasser) - ROD (Stamm, Vorfahren).

Wenn „w" durch „f" ersetzt, bekommen wir: FOTO des Stammes - Bild, Erinnerung.

Zusammen erhält man ein selbstbewusstes, tiefes, uraltes, ursprüngliches ROD (Stamm der Vorfahren).

Können Sie zugeben, dass Wasser einen Verstand hat? Es ist ein lebendiges

Wesen. Es ist immer noch unverständlich für logisches Wissen. Der einzige Ausweg ist das Wissen mit dem Herzen. Es kommt eine Zeit der Ko-Schöpfung mit Wasser ... man muss es loslassen. Wasser ist das stärkste Oxidationsmittel. Es ist eines der Dinge, die man „freie Radikale" nennt und vor denen man sich sehr fürchtet. Die Frage, die sich aufdrängt, lautet: Warum lösen sich Haut, Knochen oder Blut nicht auf?

Das Wasserbewusstsein manifestiert sich durch ... chemische Reaktionen. Es gibt so viele dieser Reaktionen in unserem Körper.

Die Grundstruktur von Wasser ist ein Kristall aus 57 Molekülen. Es ist ein Tetraeder. Sechzehn dieser Kristalle sind ein Element aus 912 Molekülen. Wichtige freie Wasserstoffbrückenbindungen. Auf jeder Ebene des Clusters 912 gibt es 6 Zentren von Wasserstoffbindungen. Die Bindungen sind beweglich, verlassen die

Oberfläche und kehren zurück. Sie können durch Sauerstoffbindungen ersetzt werden. Wasserstoffbindung kommt nach innen und Sauerstoffbindung nach außen.

Das Bewusstsein von Wasser ist erwiesen. Arbeit von Zenin S.V., Patent für die „Veränderung der Wasserleitfähigkeit in Abhängigkeit von menschlichen Gedanken", vom 30. September 1996.

Im Wasser gibt es keine chaotische Bewegung. Bewusste Harmonie als primäre Grundlage des Lebens. Die Basis ist der Goldene Schnitt. Wenn sich die Umkodierung, der Übergang zu einer anderen Anordnung der Cluster, als energetisch günstig für das Wasser erweist, dann nimmt das Wasser diese Erfahrung bewusst an und verändert die Struktur.

Wasser lebt immer in einer unerwarteten Form: der differentiellen Phase. Daher ist der Mensch, der zu etwa 80 % aus Wasser besteht, in der Lage, sich auf zellulärer Ebene ständig neu zu programmieren. Dazu gehört auch die DNA-Reparatur. Es handelt sich dabei um Technologien zum Wiederaufbau des Körpers nach dem Foto eines Kindes oder als Ergebnis der eigenen Gedankenformen.

In einer Zelle übernimmt das Wasser die Funktion eines ... Neurons. Das Gehirn, das zu 90 % aus Wasser besteht, ist in der Lage, die Struktur des Vakuums zu verändern. Der Klang des Körpers beträgt 570 Billionen Hertz. Nochmals: Wasser löst alles auf. Es ist nur eine Frage der Zeit. Aus seinen vielen Kristallen wird es immer das richtige Muster als Schlüssel zur Materie heraussuchen. Die Formel für Wasser ... ist nicht H2O ... sondern irgendetwas zwischen H6O3 und H12O6. Die Formel hängt von der Bereitschaft des Wassers ab, sich zu manifestieren.

Wasser ist die einzige Substanz, die in drei Zuständen existieren kann - fest, gasförmig und flüssig. In jedem Zustand gibt es viele Arten. Zum Beispiel gibt es 200 verschiedene Eisstrukturen. Wissenschaftler haben entdeckt, dass Wasser eine zelluläre Struktur hat. Und die Struktur des Wassers und die Struktur des Raums sind gleich. Die Gesetze sind die gleichen.

Wasser hat zwei Arten von Gedächtnis - ein Primär- und ein Langzeitgedächtnis, bei dem das Wasser seine Matrizen neu konfiguriert, um die neuen Erfahrungen, die es braucht, aufzunehmen.

Wenn Wasser gefriert, reinigt es sich selbst. Der rumänische Wissenschaftler Coanda Henry Maria, ein Nobelpreisträger, entdeckte, dass es in der Mitte der Schneeflockenkristallisation dünne Röhren gibt, in denen das Wasser nicht friert.

Es stellt sich heraus, dass beim Einfrieren die „äußere" Erinnerung gelöscht wird, aber die darunterliegende

Erinnerung bleibt - Proteus, die feurige Essenz, lebt dort. Das Informationssystem des Wassers ist dem des Vakuums ähnlich. Das heißt, die Grundstruktur von Wasser und Vakuum (Kosmos) und das Bewusstsein sind ein und dasselbe.

Clusterwasser wurde vor einiger Zeit bei menschlichen und tierischen Babys entdeckt. Es entgiftet und verlangsamt den Alterungsprozess. Übrigens kann die moderne Sonnenstrahlung, aber auch das bewusste menschliche Denken, die pathogene Flora töten.

Ein wenig über Unsterblichkeit und Langlebigkeit

Wenn man das Verhältnis bestimmter radioaktiver Isotope in einer Zelle verändert, wird die Zelle unsterblich. Das Haupthindernis ist Kalium 40. Wenn es weniger als 7 g beträgt, erhöht sich die Lebensdauer auf 2,5 Tausend Jahre. Dies war die Lebensspanne von Königen und Pharaonen, wie in der Bibel bestätigt wird. Wenn das Kalium 40 Gehalt im Körper 60 Gramm beträgt, liegt die Lebenserwartung bei 70 bis 80 Jahren. Sie brauchen sich nicht speziell um die Ausscheitern dieses Elements zu kümmern. Der sich regenerierende Organismus macht alles von selbst. Aber es ist notwendig, es zu wissen.

Daher der kumulative Faktor. Heute verändert sich das Spektrum der Sonne, und mit ihr macht alles andere eine Kehrtwende im Leben. Hinzu kommt das aktive Bewusstsein des Menschen.

Clusterwasser beginnt im Blut zu erscheinen. Und auch auf zellulärer Ebene. So hat das Körperwasser Zeit, sich an den neuen Energieimpuls zu erinnern. Es schafft es und überträgt ihn weiter. Auf diese Weise findet die Transmutation statt. Wasser schaltet chemische Reaktionen von Organen im allgemeinen Stoffwechselkreislauf ein und aus. Ein weiterer Beweis für seine Intelligenz.

Sehr oft findet eine Veränderung in der Struktur des Wassers ohne äußere Energiequelle statt. Das Wasser selbst hat sich dafür entschieden, einfach im Einklang mit den harmonischen Gesetzen des Kosmos. Eine bewusste Veränderung.

Es gibt auch die ionisierte Struktur des Wassers. Und dann gibt es noch die superionisierte Struktur. Ein solches Molekül hat drei zusätzliche Elektronen, die in seinen äußeren Bahnen arbeiten. Flüssige Elektrizität. Auf der physischen Ebene ist es gewöhnliches Wasser. Es ist Wasser, das in geschlossenen Labors künstlich hergestellt wird. Es ist eine freie Energiequelle. Jetzt beginnt diese Struktur allmählich auch in unseren Körpern zu sein, was eine Erklärung für die Kraft des Bewusstseins ist.

Clusterwasser und superionisiertes Wasser sind völlig verschieden! Superionisiertes Wasser ist vergleichbar mit flüssigem Feuer oder Plasma.

Jetzt aufgepasst! Wenn sich das Bewusstsein von Menschen und Wasser vereinen, tritt Proteus in die Welt ein und beginnt, auf der dichten Ebene zu existieren. In diesem Fall erzeugt das Wasser, dem man erlaubt hat, frei zu sein, zunächst eine bestimmte chemische Reaktion, die eine Sache zum Ausdruck bringt. Dann ruft es eine weitere Reaktion mit denselben Komponenten hervor, wodurch etwas anderes entsteht. Diese Reaktionen werden durch das Bewusstsein des Menschen manifestiert, der mit dem Wasser arbeitet, indem er den Geist des Menschen und des Wassers vereint.

Der Schlüssel dazu sind unterschiedliche Anteile der gleichen Elemente. Da wir in einer anderen Welt leben, einer Welt mit reduzierten Wasserstoffatomen, beginnt das Wasser andere Eigenschaften zu zeigen, die es vorher nicht hatte.

Transmutationsprozesse beruhen auf der augenblicklichen Struktur des Wassers, die auf der Zellebene und tiefer wirkt. Und wenn das Feuer des menschlichen Bewusstseins und das Feuer des Kosmos (es gibt ein altes Sanskrit-Sprichwort: „ratna ratnena smagachatte") zusammenkommen, dann „Kostbarkeit zeugt Kostbarkeit". Das neue Wissen erhellt allmählich den Geist des Forschers. Mit gewöhnlicher Logik können sie nicht verstanden werden. Das Wissen kommt aus dem Herzen, aus der Tiefe.

Beispiel. Die alchemistische Formel für die Erschaffung von materiellen Gegenständen. Dies ist keine formale Lesung, sondern ein Verstehen des Textes.

„Wenn der Demiurg einer Sache (Autor, Schöpfer) auf ein unveränderlich existierendes Etwas schaut und es als Prototyp nimmt, wenn er die Idee und die Eigenschaften einer gegebenen Sache erschafft, wird alles Notwendige schön herauskommen. Schaut er auf etwas, das entstanden ist, und nimmt es als Vorbild, so wird sein Werk schlecht ausfallen".

Wenn man diesen Text mit Logik liest, erhält man Abrakadabra (übrigens war „Abrakadabra" in der Antike eine Zauberformel; die Zeiten sind vergangen, die Materie hat sich verändert, die Formeln haben sich geändert).

Tiefe Intuition ermöglicht es uns, Bedeutungen ohne die übliche Logik zu verstehen. Neues Wissen manifestiert sich sofort in Ihrem Geist als Erfahrung und Sie wissen, wie Sie es umsetzen können. Dies ist die wissenschaftliche Praxis, die Praxis des bewussten Multidimensionalismus. Wo fängt sie an? ... Mit der Erlaubnis, der Schöpfer zu sein.

Dieser Text ist eine universelle Formel zur Erschaffung jeglicher Manifestation ... vom Kosmos ... bis zum Abendessen. Sie funktioniert auch im täglichen Leben. Entnommen aus Platons Dialogen. Eine Schrift über Kosmologie, Physik und Biologie. Wissenschaftler sollten eines Tages dort nachschauen, um Erkenntnisse zu gewinnen.

Proteus ist die Quelle des Lebens, das Raum-Feuer, der kreative Ursprung der Schöpfung. Es ist der Äther, einer der Aspekte von Akasha, zu dem unsere höheren Aspekte aufsteigen. Dort sind wir alle eins. Die Materie gebärt die Illusion der Trennung. Doch der dichte Schleier ist nicht mehr da - ein anderes Wasserstoffatom. Ein Beispiel: Öl wird durch Sonnenlicht auf eine ganz andere Weise zersetzt.

Teslas Anlagen gibt es schon seit langem. Allerdings hatte er einen Vorgänger - John Keely. Seine Geräte wurden zwar durch Äther angetrieben, aber die Energie des ersten Impulses wurde durch den Körper des Erfinders erzeugt. Es war seine psychische Energie, mit deren Hilfe die Raumenergie des Äther-Protheus auf die Erde gebracht wurde. Als harmonisierender Gleichklang, Bewusstsein des multidimensionalen Seins.

Proteus ist also in jedem Molekül, in jedem Atom, und bleibt doch ein unsichtbarer und ungreifbarer Faktor. Und noch ein Geheimnis der veränderten Materie heute - auf die Frage „warum wirken Medikamente nicht mehr wie früher?" Ja, das ist noch ein Einzelfall, aber es gibt immer mehr davon.

Was geschieht da? Die gesamte Materie beginnt nun, auf die Ebene der Schöpfung zurückzukehren, die früher als „feinstoffliche Ebene" bezeichnet wurde. Die feinstoffliche Ebene ist jetzt anders, die vertrauten Formen werden ausgelöscht, die tragenden Grundformen bleiben. Die Leinwand bleibt, nur ein neues Muster wird gewebt. Eine intelligente Struktur des Wassers ist bereits in ihre Basis eingewebt.

Doch wo wohnt Proteus im Körper?

Proteus ist die Brücke zwischen den Nervenzellen und den geistigen Kräften - die Kraft des Denkens, der Kreativität, der Intelligenz, ein neues Gehirn. Die neue Struktur des Wassers - denken Sie daran, das Gehirn ist in der Lage, die Struktur des Vakuums zu verändern. Vakuum ... ist die Tiefe des Raumes. Die Tiefe ist Wasser. Der Raum, das Wasser und die Zelle funktionieren alle nach denselben Gesetzen. Bewusstes Verhalten ist die harmonische Gesetzmäßigkeit der Manifestation.

Was ist Proteus noch? Sie sind Protozoen. Ein Mitglied der Mikroflora des Darms. Ein wichtiger Teil des Immunsystems. Darmbakterien arbeiten unabhängig von der Ernährung. Wir haben drei verschiedene Arten von Mikroflora. Zusammen haben sie etwa 8.000.000 Gene, und der Mensch hat 22.000 Gene.

Es ist eine Symbiose, und unsere Symbionten sind unterschiedlich. Sie führen unterschiedliche genetische Mutationen durch, je nach dem Bewusstsein des Menschen. Vor allem seinen Gedanken. Spontane Körperregeneration ist ihr Werk. Ihre Struktur ist Wasser, gesättigt mit dem kosmischen Feuer Proteus. Sei also vorsichtig, was du sagst und wie du es sagst. Und vor allem, was und wie du denkst. Es geht um Ihre Gesundheit und Ihre Langlebigkeit.

Wissenschaftler in Nowosibirsk haben einen therapeutischen Impfstoff gegen Krebs entdeckt. (Zeitung „AiF" № 46, 2013r „Eigenes Blut wird Krebs stoppen" (nach Thesen im Frühjahr 2010, Thesen - Aspekt der Matrix). Das Produkt für den Impfstoff ist das Blut einer erkrankten Person. 200 ml Blut werden entnommen und mit einer speziellen Technik aufbereitet. Auf der feinstofflichen Ebene wird eine Art Matrix erzeugt und auf das Blut übertragen. Krebszellenblocker. Das Blut wird heilend.

Das Blut wird 10-mal abgenommen und bis zu 2 Liter Blut werden verarbeitet und dann transferiert. Die Kosten - pro Kurs betragen 300.000 Rubel. Und dabei ist es 10-mal billiger als die amerikanische Entwicklung. Die Wissenschaftler haben ein Patent angemeldet. Die Entwicklung wird bald verfügbar sein.

Wenn man sich ein ganzheitliches Bild macht, kann man erkennen, dass sich gewaltige Veränderungen vollziehen. In der Tat bricht die Ära des offenen Zugangs zur Geistigen Zone an. Das hat nichts mit Religion zu tun. Es ist ein Erwachen der Kreativität in uns selbst durch Bewusstsein, Verstehen und Fühlen. Und das Wichtigste ist, dass dies in einer alltäglichen Umgebung geschieht.

Auch Kreativität ist ein komplexes Phänomen - wenn das Herz zum Verstand und der Verstand zum Herzen wird. Wie ein mehrdimensionales Gleichgewicht.

Der Körper erneuert sich ständig, was für ihn unsichtbar geschieht. Man spürt nur ab und zu, dass man etwas anderes geworden ist. Wenn Sie das Universum bitten, Ihnen zu zeigen, was und wie neu geworden ist, werden

Beispiele im Leben nicht lange auf sich warten lassen.

Entdecken Sie das Neue und entdecken Sie sich selbst.

Ich wünsche Ihnen eine leichte und wunderbare Zeit des Lernens!

Valentina Jurjewna Mironowa, 2016

Zertifikat der Veröffentlichung Nr. 216102401691

Auf dem Weg zum neuen Jahr 2023 der Neuen Zeit

Wichtige Informationen für diejenigen, die unter verschiedenen Zeichen aller Arten von Chronologie geboren sind - Hebräisch, Chinesisch, Japanisch, Samwati (Indien), Maya, Solar (Ägypten), Altgriechisch, Gregorianisch, Muslimisch (Islamisch), alte Slawen.

Im neuen Jahr wird Ihre verstärkte Intuition zu Ihrem Leitstern und Ariadnefaden.

Der, der sich verirrt hat, wird sie aus dem Labyrinth herausführen und den Weg erhellen.

Denen, die stolpern, gibt sie festen Halt.

Wer sich fürchtet, den stärkt sie mit Wissen und Weisheit.

Quarten Übergang oder positive Mutation der Menschheit

Denen, die krank sind, zeigt sie einen neuen Weg zur Genesung.

Sie inspiriert diejenigen, die Hoffnung und Glauben verloren haben.

Den wartenden - sie hilft, ihre Flügel auszubreiten.

Den traurigen - lehrt sie die Kunst der Freude.

Denen, die nach Wissen hungern, bietet sie weise Rätsel.

Für Herzen, die sich nach Liebe sehnen, gibt sie Gegenseitigkeit.

Sie stärkt diejenigen, die sich mit treuen Begleitern auf den Weg der Selbsterkenntnis machen.

Lassen Sie den magischen Zauberteppich Ihres Geschehens mit harmonischen Farben des Gefühls gefärbt sein.

Und das Schicksal wird sich mit den Flügeln des Feuervogels für die

Quarten Übergang oder positive Mutation der Menschheit

Manifestation der besten Lösungen entfalten.

Die neue Welt gewinnt an Schwung. Ob wir es wollen oder nicht, unser gesamtes Umfeld verändert sich. Viele sind aus ihrer Komfortzone herausgerissen worden. Und jeder reagiert darauf auf seine eigene Art und Weise, basierend auf den Gewohnheiten, die tief in seinem Kopf verankert sind.

Was ist eine Gewohnheit? Es ist eine Handlung, die einmal viele Male wiederholt wurde. Und die für bestimmte Bedingungen notwendig war.

Aber die Bedingungen ändern sich. Und die alten Gewohnheiten fangen an, im Weg zu stehen - sie hören sogar auf zu funktionieren. Aber eine Gewohnheit kann geändert werden, indem man die alte Handlung durch eine neue ersetzt, die ebenfalls viele Male wiederholt wird.

Das ist natürlich leichter gesagt als getan. Damit Sie tatsächlich eine Veränderung wollen, muss ein Ereignis in ihr Leben treten, das ihre gesamte Routine durcheinanderbringt. Und zwar nicht nur unterbrechen, sondern aufrütteln.

Dieses Erschüttern zertrümmert tatsächlich vieles, was im Verstand verankert und fast versteinert ist. Nach einem Zusammenbruch beginnt man zu sehen und zu hören, was geschieht, durch Ihre Intuition, ihr Höheres Selbst, ihre Seele.

Die Intuition, der energetische Impuls der Seele, wird gerade im Alltag trainiert - vor allem, wenn man darauf achtet, auf WAS genau geachtet wird. Und auf das, was man nicht lassen kann. Vielleicht zum ersten Mal in ihrem Leben.

Auf diese Weise werden Tiefe und Sensibilität geschärft.

Viele Menschen denken, dass sie diesen göttlichen Impuls herabsetzen, wenn sie die Hinweise der höheren Ebenen in ihrem täglichen Leben nutzen. Aber es ist genau das Gegenteil. Wenn Sie in Ihrem Alltag die Hilfe der Höheren Ebenen in Anspruch nehmen, werden Sie ziemlich schnell eine Veränderung Ihrer gewohnten Realität zum Besseren feststellen.

Durch das Erfassen des höheren Wissens - der Fähigkeit, im Hier und Jetzt zu leben - kommen wir zu uns selbst, dem Wahren Einen.

Frohe neue Zeit!

Literatur

1. „Licht und Akupunktur". Naturwissenschaft, 11.03.2023.

2. „Über das Buch „Planetare Entdeckungsmatrix". Werbung, 27.02.2023.

3. „Wichtig - die Alchemie der Akupunktur". Naturwissenschaft, 15.03.2018.

4. „Positive Mutation - die Essenz des Quantenübergangs". Naturwissenschaft, 03.11.2018.

5. „2017 Welt und die einheitliche Theorie des Bewusstseins". Naturwissenschaft, 14.12.2017.

6. „Verbotene Wissenschaft". Rezension. Werbung, 29.11.2017.

7. „Wichtige Kriterien für eine neue Welt". Naturwissenschaft, 10.10.2017.

8. „2017 Quantenübergangswelt - neue Gesetze". „Das Geheimnis des Gehirns oder die Alchemie des Bewusstseins". Naturwissenschaft, 22.12.2016.

9. „Licht natürlich und Licht künstlich". Naturwissenschaft, 09.11.2016.

10. „2014 Die Welt nach dem Quantenübergang". Naturwissenschaft, 24.10.2016.

11. „Zeitgenossen des großen Übergangs". Naturwissenschaft, 11.09.2021.

12. „Die Akzente des neuen Zeitalters". Naturwissenschaft, 10.03.2021.

13. „Berichte aus dem Jenseits". Erweiterte Informationen. Naturwissenschaft, 03.10.2021.

14. „Die Geschichte der Chips". Naturwissenschaft, 04.05.2020.

15. „Bewusstheit... Auf einem Hocker sitzend". Naturwissenschaft, 18.03.2020.

16. „Für die Erwachten". Naturwissenschaft, 31.12.2019.

17. „Spiritualität. Das Gehirn und die Leukoareose". Naturwissenschaft, 06.11.2019.

18. „Beweise für Gottes Vorsehung". Naturwissenschaft, 10.06.2019.

19. „Intrige - Protonen erneut verkleinert". Naturwissenschaft, 08.09.2019.

20. „Quantenübergang - eine Notfallselbsthilfe". Naturwissenschaft, 24.03.2018.

21. „Alarm für norwegische Lehrer". Naturwissenschaft, 10.10.2017.

22. „Auf dem Weg ins neue Jahr 2023 der neuen Zeit". Naturwissenschaft, 29.12.2022.

Impressum

Übersetzer: Fr. Mag. Dmitrieva

Jägersteig, 11
2301 Mühlleiten
Tel. 0660-76-28-116
E-mail: viennaid@gmx.at
Rechtsform: Einzelunternehmer Dmitrieva
Irina
Umsatzsteuerfrei aufgrund der
Kleinunternehmerregelung
St.-Nr. 071/0758
Gewerbeschein: 308-GFW1-G-12293
Gewerbebehörde
Bezirkshauptmannschaft, Gänserndorf
Kundendienst:
Sie erreichen uns von Mo-Fr von 9-17 Uhr
unter Tel. Nr. 0043/660-76-28-116 oder
per E-Mail.
Vorschriften der Österreichischen
Gewerbeordnung. §§ 5, 9 ECG; § 4 Abs 1
Z 13 FAGG; § 4 UWG
Plattform der EU-Kommission zur Online-
Streitbeilegung:

https://ec.europa.eu/consumers/odr/
Quellenangabe für die verwendeten
Bilder:
https://pixabay.com

Verbrauchergewährleistungsgesetz (VGG):
Gewährleistung nach ABGB, stand
1.1.2023:
https://www.wko.at/service/wirtschaftsrec
ht-gewerberecht/vgg-gewaehrleistung-
abgb-ab-2022.html

Die Gewährleistung erstreckt sich nicht
auf die normale Abnutzung.